確定情況下的決策／

DECISION MAKING UNDER CERTAINTY

David E. Bell & Arthur Schleifer, Jr／著

賴奎魁 校閱

陳智暐／譯

弘智文化事業有限公司

David E. Bell

Arthur Schleifer, Jr.

Decision Making Under Certainty

ISBN 957-99581-4-9

Printed in Taiwan, Republic of China

譯序

本書主要的目的在幫助讀者瞭解複雜的確定性決策問題之分析方法、經濟取捨依據、最佳化選擇方案。書中所討論的主題包括：攸關成本、攸關收益、定價策略、線性規劃、資本預算、貨幣的時間價值、模擬的情境分析等。作者融合個人超過50年的教學與管理顧問經驗，指引出21世紀經理人所需具備的決策分析能力與分析能力背後的個體經濟理論及管理科學知識。

作者針對各研討主題的理論以深入淺出、循序漸進的方式說明，配合引用真實企業環境的個案，對於讀者決策分析思考模式的建立頗有裨益。當一項決策受到許多因素左右，且各因素的變動範圍很大時，該考慮什麼樣的情境分析才是合理的？當公司在面對市場上其它競爭對手削價競爭時，該採取什麼樣的定價策略？當工廠某些機台的產能滿載，但其它機台的產能卻閒置時，該如何調配機台使工廠的產能利用率最大化？以上這些問題的解答都將在書中一一呈現。

國內有關決策分析的書籍不多，能導入個案將理論與實務結合的書籍更是付之闕如。e世代的經理人若想要具備良好的決策分析能力，本書絕對是一本不可或缺的經典。

陳智暐

原序

這本書是「管理決策分析」系列叢書中的一本。此系列的四本書是我們在哈佛企業管理學院所結合三個長期課程發展計畫的結果。我們花了好幾年的時間在不同的時機，要求所有800的一年級的 MBA 學生，進行一學期的管理經濟學課程。我們將教材依據是否在既定的情況下做決策（確定情況下的決策），或在某種程度未知的情況下做決策（不確定情況下的決策）。在這兩本書的第一本書中，介紹了攸關成本、淨現值以及線性規畫等主題。第二本則包括了決策樹、模擬、存貨控制以及有關協商與拍賣競標的個案。

我們兩個也對二年級 MBA 的學生開設選修課程。Schleifer 發展了企業預測的課程，這是我們第三本書「資料分析、迴歸與預測」的基礎。Bell 則開立在企業、個人或社會風險情境下，整合各種方式以做決策的課程。這些內容出現在我們第四本書「風險管理」中。

這四本書在分析管理問題時，對其主題、觀念及技巧提供了前所未有的個案。每一本書都具獨立性，可成爲一學期課程的教科書（在課堂中如何使用這本教材是重點），亦可成爲較傳統課程中的補充教材。

透過個案方式來學習觀念和技巧對某些人來說是一種新經驗。要調整每一個問題都不見得只有唯一或清楚的解答這個觀念需要一些時間，而且在這種情況下的學習效果會更好。我們相信這一系列的教材不只包含了一個未來管理者在數量方法的使用技巧，同時也使其成爲一個分析他人行爲的好分析者。

就如同讀者將看到的，教材中的某些個案是出自我們的同僚，很高興我們有這個機會使用它們。我們要對曾與我們共事，以及對管理經濟課程教授的 Robert Schlaifer, John Pratt, John Bishop, Paul Vatter, Stephen bradley 以及 Richard Meyer 致上最深的謝意。同時我們也對哈佛企業管理學院研究部門的財務協助表示感謝。最後我們要對哈佛企業管理學院的 Rowena Foss, Laurie Fitzgerald 以及 Mac Mendelsohn of Course Technology 表示謝意。因爲他們的協助才使這項計畫上軌道並有一定的品質。Rowena Foss 從 1978 年便擔任我們個人以及聯合的秘書。我們對於她亦表示由衷的感謝。

給學生的話

本書中提到的許多技巧與方法在很多傳統教科書中也涵蓋了。然而本書中所選擇的個案卻和現實生活中息息相關，同時也慎選個案以使所包含的主題能充分被討論。正因爲如此的設計，會使這堂課的學習比一般的課程更加有趣。想要從本書獲得最大的效益辨識先詳讀這些個案，接著花時間思考如果你是個案中的主人翁時，在面對同樣的情境時，該採取什麼樣的行動。

目錄

譯序　1

原序　3

第 1 章　訂價　7

攸關成本與收益　9

個案：Colonial Homes（殖民地房屋公司）　17

損益兩平分析　27

價量決定　44

個案：Beauregard 紡織公司　68

個案：Catawba 工業公司　72

個案：美國航空公司：營收管理　77

第 2 章　稀有資源的訂價　97

資源定價　99

個案：SELLAR 商店　116

個案：PPM 系統公司資源定價　118

第 3 章　線性規劃　127

個案：Sheridan 汽車公司　129

個案：線性規劃　134

個案：OUTDOORS 公司　156

個案：GENESSEE 電線電纜　157

個案：Omega 石油公司　162

個案：REEBOK　167
個案：Rubicon 橡膠公司　175
個案：J.P. 糖漿公司　180
個案：Mitchell 企業　186

第 4 章　資本預算　191
資本預算計畫評估：現金流量與貨幣時間價值　193
預估損益表與現金流量表　194
現金流量　195
貨幣的時間價值　203
結論　211
練習　216
個案：SENECA 電線製造公司：Loopro 線　218
個案：Wilson 公司　228
個案：貫穿英極力海峽的計畫（A）　231
個案：貫穿英吉利海峽的計畫（B）　241
個案：Marine 公司　244
個案：F&W 林業服務公司　251

第 5 章　確定性的模擬　261
模型化的技巧　263
個案：模型練習　273
個案：Hercules 公司——化學藥品專賣公司　279
個案：Green 瓶蓋公司　286
個案：美國社會安全制度的經費　295

第 1 章

訂價

攸關成本與收益

公司通常因爲不同目的而使用會計及控制系統所產生的資訊，這些目的包括稅務申報、編製股東報告書、監督管理績效或追蹤產品效能。以上的每種情形都需要不同的衡量方法。例如，提報給政府的稅前盈餘資料與提供給股東的稅前盈餘資料通常會不同。當我們想要分析決策所導致的經濟變化時，我們的興趣在於決策對現金流量的影響。利用簡單的假設——現金持有的金額多比金額少要好[1]，我們可以探討決策所導致的現金變化。

假設我們考量一個有兩種選擇方案的決策：是否應該推出新產品？我們可以比較推出新產品和不推出新產品所產生的稅後現金流量，並且可以利用淨現值法來計算淨現值。

公司唯一可以利用的現金就是稅後現金，因此，我們必須計算決策對稅額變化的影響。爲達此目的，我們需要討論折舊、折耗、資本利得及一些可能影響現金流量的議題。在本章，爲了不增加非必要的複雜性，我們將忽略稅賦的問題（或者更精確的說，我們假設各項交易的稅率是 0）。此外，在本章我們只考慮影響短期現金流量的決策，以及那些每年現金流量差異值都相同的決策。例如，若公司選擇決策 A 的現金流量每年都比選擇決策 B 的現金流量高出 10 萬美元，則決策 A 是較好

[1] 公司制定決策未必是為了使現金流量最大。例如，它們可以選擇犧牲現金，以減少收入的變動性。在這個註解中，我們將不討論這一類的取捨(trade off)。

的決策[2]。在第 4 章我們將加入較複雜的考慮因素，包括決策存續期間每年的現金流量和稅賦的考量。

經過以上的簡化後，新產品決策的選擇問題變得非常簡單。在此我們只要探討兩組現金流量：

1. 公司推出新產品的現金流量
2. 公司不推出新產品的現金流量

如果（1）比（2）大，則應推出新產品；反之，則不應推出新產品。

實務上，（1）的計算會包括其它相關產品的收益與成本，產品組合的成本，以及其它完全不相關之公司部門的收益與成本。這些成本與收益也將在（2）的計算中考慮進去。若上述這些因素對於（1）與（2）是相同的，則它們對決策毫無影響，因為只有（1）與（2）之間的差異才會對決策有影響。在多個可選擇方案作一抉擇時，無關的收益與成本便不用被考慮進來。

攸關性與決策

根據先前的討論，我們很清楚可以瞭解到成本與收益是攸關或是非攸關，完全取決於考慮中的決策，而不是收益與成本本身的特質。除非這項決策的標的已經明確的定義，否則討論

[2] 假如決策 A 的現金流量在某些時候比決策 B 好，其他時候則比決策 B 差，則淨現值將能判定決策 A 或決策 B 何者有較好的現金流量。

成本或收益是否攸關是毫無意義的。此外，爲了讓決策問題有正確的經濟分析，我們必須確認且包含所有的攸關收益與成本。如果含有非攸關成本與收益，並不會影響到分析結果。例如，假設無論你選擇決策 A 或決策 B 都會發生相同的製造費用，則製造費用與決策無關。如果你排除製造費用後的分析顯示決策 A 比決策 B 好，則製造費用加進來分析也會有同樣的結論。

將我們的注意力集中在攸關收益與成本會有什麼好處呢？首先，我們可以簡化並針對重點分析；其次，我們可以避免在分析時誤將一種無關的收益與成本列入某項選擇，而未列入另一項選擇。這種錯誤可能造成決策無法將現金流量最大化。

三種產品的故事

從前有一家公司其中某個事業部生產三種產品：A、B、C。每個產品的單位收益、單位變動成本、每月銷售量和貢獻（單位收益與單位變動成本之間的差異乘以銷售量）顯示於表 1.1。

表 1.1

	產品		
	A	B	C
每單位收益	$10	$15	$5
每單位變動成本	$5	$5	$3
每月銷售量	10,000	2,000	2,500
貢獻	$50,000	$20,000	$5,000

公司每月發生6萬美元的製造費用並平均分配在三種產品上(每種產品分攤$20,000)。產品C因爲賠錢($5,000-$20,000)所以放棄生產。但因爲公司的製造費用是固定的，所以現在必須將製造費用6萬美元平均分攤到其餘的兩種產品上。產品B分配到3萬美元的製造費用超過2萬美元的貢獻，所以也被放棄。剩下的產品A因而須負擔所有6萬美元的製造費用，可是因爲產品A無法負擔，所以該事業部將遭裁撤。

這個故事的寓意並不是說製造費用應以不同方式分攤，而是說只要製造至少一種產品，則不管放棄一種或兩種產品[3]，製造費用都是固定不變的，即與決策無關（注意：放棄三種產品的決策與製造費用是相關的，如果製造費用是8萬美元，則三種產品皆會被放棄）。

序列性決策

今天作一個聰明的決策，必須同時考慮未來將會遇到的決策問題。根據貢獻是否可以超過平均製造費用來決定是否放棄某產品的決策，事實上是不正確的把固定成本當成是變動成本，把兩階段的問題當作是一階段的問題。這裡我們以一個正確的方式來審視這個問題：首先，在公司希望繼續維持此一事業部的前提下來決定是否放棄任何產品(每月6萬美元的製造費用爲非攸關成本），然後再考慮是否繼續維持該事業部。

[3] 製造費用的金額是否在砍掉一些產品之後能保持不變，這是個值得研究的問題，但是這個問題不在本書的討論範圍之內。

如果事業部已經決定維持下去，則非常清楚的每種產品都必須有正面的貢獻。因此，三種產品應該都要生產，三種產品每月的總貢獻爲 7 萬 5 千美元。再來到第二項決策，每月 7 萬 5 千美元的貢獻是否足夠扣抵每月 6 萬美元的製造費用？答案是肯定的，因此該事業部應該繼續運作（假若製造費用爲 8 萬美元時則須放棄該部門）。

貢獻

「貢獻」一詞通常被定義爲總收入與總變動成本之間的差異（每單位貢獻爲每單位收益減去每單位變動成本）。一般都以爲貢獻最大化必然導致現金流量最大化，但這並非一定正確。在剛剛討論的個案中，若三種產品皆生產就可以獲得最大貢獻。但是如果製造費用爲 8 萬美元，即使總收益大於總變動成本，則關閉該事業部才能使得現金流量最大化。

爲了保持貢獻最大化導致現金流量最大化的想法，我們需要對貢獻有更彈性的定義。在三種產品的個案中，我們定義總收益減去總變動成本爲產品線的貢獻，因此產品 A 每月貢獻 5 萬美元，而此一產品線的貢獻爲 7 萬 5 千美元。

現在我們再定義事業部的貢獻爲產品線的總貢獻（每月 7 萬 5 千美元）減去事業部的製造費用（每月 6 萬美元）。事業部的貢獻便是我們用來決定是否放棄部份或全部產品的決策標準。

一般而言，對於序列決策的問題來說，對應於每一個決策層次便有一個攸關貢獻，該貢獻可能涉及某些固定製造費用、變動成本、以及收益。爲了弄清楚我們所討論「貢獻」的意義，確認那一個實體產生此貢獻是相當重要的事情。

關聯性決策

聯合成本

攸關成本使我們可以縮小分析的範疇。在三種產品的個案中，我們可以不必考慮公司其它事業部產生的現金流量，只要分析該事業部本身即可。但焦點過於窄化（例如只放在個別產品的層次）可能會導致不正確的決策。這也就是我們爲什麼不能將該決策分離爲三個問題的原因，因爲這三種產品歸屬於事業部的聯合製造費用，是導因於生產這三種產品而發生。當聯合成本介入時，產品或活動的決策便產生關聯性。

在實務上亦有其他狀況會產生關聯性，其中兩種經常發生的情況：（1）替代性或互補性；（2）競爭稀有資源的產品或活動。

替代性與互補性

許多看起來只直接涉及一種產品的決策可能也間接涉及其它產品。這些間接效果使該產品產生攸關的成本與收益。若產品 A 的銷售量上升會導致產品 B 與 C 的銷售量下降，則此種替代效果是相關的：放棄產品 A，將可增加產品 B 與 C 的銷售量。若上述爲真，則替代品 B 與 C 銷售量上升所增加的貢獻，將抵銷放棄 A 所損失的貢獻。在極端的狀況下，本來會購買產品 A 的所有顧客如果全部放棄產品 A 而改爲購買產品 B，則放棄產品 A 似乎是個好決策。因爲顧客每一單位的需求將由產生$5 的貢獻變爲$10 的貢獻。

另一方面，若產品 A 的銷售量上升會增加產品 B 的銷售量（例如 A 是手電筒而 B 是電池），則此種互補效果也是相互關聯的：放棄 A 不僅會直接減少 A 的貢獻，同時也會間接使 B 的銷售量減少。這三種產品不只因爲分攤聯合成本而有關聯，而且可能因互補性與替代性而有關聯。

競爭稀有資源：機會成本

假設有某物流業者想要以每月 7 千美元的價格租用目前產品 C 所使用的倉庫空間，你可以馬上看出 7 千美元出租收入超過產品 C 所產生的 5 千美元貢獻。所以只要 A 與 B 都不是 C 的替代品或是互補品，你應該接受物流業者的提案。比較兩個決策的經濟效益——繼續生產 C 與把倉庫空間租給物流業者——很明顯地看出每個月前者比後者少了 2 千美元的貢獻。這兩個決策相互關聯，因爲它們彼此競爭相同的稀有資源：倉庫空間。

在整個討論中，我們是以現金流量來評估決策中的選擇方案。在這個例子，我們比較生產 C 的現金流量與出租倉庫空間的現金流量；換句話說，我們可以用倉庫使用成本來評估 C 產品，因爲使用倉庫空間來製造 C，將使該事業部失去由物流業者那邊賺取每月 7 千美元的機會，所以 7 千美元是 C 產品的機會成本，這個機會成本影響產品線的貢獻如表 1.2 所示。

表 1.2

收入：2,500x$5	=	$12,500
變動成本：2,500x$3	=	7,500
將空間作爲倉儲使用而非製造之用的機會成本		7,000
貢獻		-2,000

雖然機會成本不是直接歸屬於產品 C 決策的現金流量，卻是攸關成本：它正確地告訴我們生產 C 的決策比另一替代方案（出租空間給物流業者）現金流量要少 2 千美元。因此產品 C 應該放棄。

即使沒有像是出租空間給物流業者這樣明顯的選擇可以考慮，倉庫空間仍可以用於其它用途——生產其它產品、改建爲公司辦公室、關閉此區域以節省相關的水電成本等。以上的每一項選擇，以及其它不是那麼明顯的選擇，都有其「價值」。這些明顯或是不明顯的選擇中，最高的價值即是使用空間的機會成本。它是一項評估使用空間來生產 C 的攸關成本。在成本會計制度中，這個機會成本不太可能等於產品 C 佔用倉庫空間的非攸關成本。

個案

Colonial Homes（殖民地房屋公司）

Colonial Homes 的總裁 Noel Desautel 最近一直坐立不安，因爲公司營運並沒有朝著獲利的方向前進。除此之外，他還碰到一個棘手的問題。他唯一的木材供應商 Davey Lumber 剛在每半年一次的協商中堅持木材價格全面上漲 8%。這次的上漲根本是出乎意料之外，因爲這兩年來木材價格一直很穩定。更糟糕的是，Colonial 正要把新的價目表傳給所有經銷商。這個價目表將在未來的 6 個月內適用，而且是根據原料價格僅上漲 2.5%而製訂的。

換另一家供應商是一個選擇，可是即使其它供應商的價格較低，卻沒有一家能保證在兩週之後仍能維持其價格。Davey 則提供 6 個月內價格不變的保證。另一個選擇是調高給經銷商的價目表。Noel 認爲其它房屋公司價格調漲的幅度不會比 Colonial 大，那麼此次漲價會對 Colonial 未來的銷售有怎樣的影響？Noel 想到外面走走冷靜一下，但連天氣都跟他唱反調。氣溫華氏 55 度，今天是他記憶中多倫多最溫暖的 1 月天了！

背景

Colonial Homes 創立於 1949 年，主要業務是製造快速組合屋所使用的組合嵌板，該公司好幾年來都是業界的先驅。1980 年 Colonial 被一個擁有木材堆置場的家族企業 Davey Lumber 所購併。新的老闆改變其基本營運理念，擬推出預先設計的（pre-engineered）房屋，試圖更有效利用它們的木材及房屋建造資金。這個概念經證明是成功的，但公司缺乏財務控制與過多的國際投資使得公司很快陷入破產困境。自此之後，Colonial 的命運一路坎坷且經歷好幾任老闆。

1986 年 7 月，正好是最新進的老闆買下該公司時，剛自哈佛商學院畢業的 Noel 進入 Colonial。Noel 對於想自困境中成長的企業較有興趣，且一向關心他家鄉——加拿大的小型製造業。

Colonial Homes

1989 年 Colonial Homes 是一家行銷房屋與營造的公司。該年的預期銷售額爲五百萬[4]（見附錄 1 的損益表）。該公司透過遍佈安大略省的 20 家獨立經銷商網路來銷售房屋。其中公司自有兩個經銷商，一個在 Barrie（貝利），一個在 Toronto（多倫多）。公司行銷副總 Bill Kolida 說：「我們不是要與經銷商競爭，我們想透過自有的兩家經銷商來接近顧客，這對公

[4] C$指加幣。

司及其它經銷商都是有好處的。」有一些經銷商兼營房屋建造業務，它們需要 Colonial 所提供的設計技術與行銷知識。其它成功的開發業者爲了購買公司設計的配套建材來節省成本而成爲公司的經銷商。

Colonial 的總部負責所有房屋的草稿與設計工作，之後開始準備營造計畫。計畫的內容包括估計房屋組合過程中每一階段所需的建材。然後該計畫轉交給負責原料批發的建材供應商，以運送原料至施工地點。建造早期所需要的物品，例如地板托樑，放置在原料的最上層以便能馬上使用及方便取得。其它物品則依邏輯順序排放，所以屋主僱請的建商或包商會依序收到所需的材料，這樣會比直接從木材堆置場採購少掉不必要的浪費。一旦房屋基本架構建好了，剩下的材料（例如絕緣建材、門、壁板）則會一次送到。

產業

Colonial 公司估計安大略省每年約有 3,500 到 4,000 戶預先設計屋的需求。該產業最大的廠商是 Beaver Lumber（每年 1,500 戶）與 Viceroy Homes（每年 1,200 戶）。Beaver Lumber 是加拿大最大的木材堆置場之一，這家公司已經向前整合至房屋市場。Viceroy Homes 是由 Walter Lindal（Colonial 創建者）的親戚所創立，專長於預先設計屋。相對來說，Colonial 每年 120 戶的市場需求顯得相當小量。

Colonial Homes 試著以供應特殊的產品來區隔市場，例如加厚的絕緣材料或更精美的門窗。顧客也可以依其構想自由的改變基本設計或其它配置，此種選擇通常大型公司不會提供。

行銷

Colonial Homes 製作了一份高品質且厚達 54 頁的目錄，裡面有各種受歡迎的房屋模型可供選擇。這些設計都有引人注目的名字，例如 Country Squire、Brampton、Lakeshore、Sunnyvale。目錄包括藝術家對房屋的詮釋，地板的設計以及每種設計之獨特處的短述（見附錄 2）。

目錄發放給 Colonial Homes 的經銷商，並依顧客的要求寄送，這些顧客是由各種房屋裝潢廣告與房屋改建雜誌得知 Colonial 的訊息。此外，Colonial 與經銷商有廣告合作計畫。在過去，經銷商寄來帳單就可獲得一半促銷費用的退款。最近，Colonial 開始幫助經銷商準備專業廣告，扮演主動積極的角色，包括選擇適當的區域刊物，以及依商業的季節性協助促銷時機的管理。

行銷團隊亦對競爭態勢保持緊密的監視。Colonial 的業務代表會假扮房屋購買者，到競爭者的經銷商處去蒐集產品定價訊息。Colonial 會試著預測市場領導者提供廣告促銷的頻率與方法，來做出因應對策。Noel 觀察到強大的競爭者從未降低它們的價格。尤其在 1988 年時，這種行爲特別明顯，雖然那時候木板價格有些微滑落。強大的競爭者以提供免費廚房裝飾櫃與其它類似的誘因來吸引顧客。

顧客

Colonial Homes 典型的顧客大多在多倫多近郊約 1 小時車程內有一塊 1 到 5 英畝的土地。Colonial 提供這些顧客一些目錄中的標準房屋，也提供給那些想要修改基本設計的顧客設計上的服務。賣掉的房子中約有 80%是依顧客意願作不同修改的標準設計屋。其餘 20%的房子則是完全的客製化（customized），與目錄上的房子完全不相同。大部份 Colonial 的客戶都不是第一次購屋者。

Colonial Homes 目錄上標準房屋的價格每 6 個月修改一次（1 月 1 日以及 7 月 1 日）。即將來臨的價目表修改是一項有力的銷售工具，銷售人員藉它來吸引潛在顧客簽約，且在新價格發佈之前鎖定舊價格，因爲預先設計屋可在 6 個月價格保護期內的任何時間交屋。

大部份 Colonial Homes 的顧客選擇在 6 月到 9 月間開始建造房屋。如此其餘的營建部份，例如熱力、電力，可以在冬天來臨前完成。

木板採購過程

Colonial 藉由 Davey Lumber 的獨家供料，滿足對木板的需求。Colonial 與這家木材堆置場的關係可以追溯到它們同爲一家族擁有的時候。Colonial 在價格波動時期仍與 Davey Lumber 維持良好關係，因爲它是唯一能提供 6 個月價格保證的木材堆置場。價格固定期間為 6 個月，且每年 1 月及 6 月價格重新協商，大約是在 Colonial 要報新價格給經銷商的時候（見附錄 3，Davey 最新價目表）。

Noel 知道 Davey 的價格比一般水準高，但因價格固定的保證及兩家公司長期的關係，這種價格仍可以接受。Davey 也十分依賴 Colonial 的支持，因 Davey 約有 50%的收益來自與 Colonial Homes 的合約。其餘收益則來自堆高機產業製造的木製棧板。

除了一些特殊的製成品，例如木製壁板、薄木板、內部裝潢用品，Davey 的存貨大部份是即將運往 Colonial Homes 的物品。將木板切割成特別的尺寸相對來說是比較簡單的工作。Davey 基本上是依照 Colonial 的排程將建材做好倉儲與包裝的工作，如此這些材料才能準時送到工地以供使用。Davey 在 3 月有最少的房屋建材庫存約 5 組，在 6 月庫存最多則有 30 組。

Davey 的老闆，Georgiana Yao，自己照例掌握所有採購與協商工作。在最近一次與 Colonial 的價格協商中，她堅持全面漲價 8%。Noel 不太確定她的動機何在。他十分驚訝，因為最近木板的價格一直相當穩定（見附錄 4）。

未來的計畫

Noel 正面臨抉擇是要接受價格全面上漲且向經銷商發佈新價格，或是尋找新供應商。Colonial 的生產經理 Brian Musson 心中有一新的供應商人選：Northland Build-It。Northland 是一個建商協會，它庫存各種尺寸的烘乾木材以及三夾板，再賣給遍佈全加拿大的會員。Northland 的價格比 Davey 低 5%（在 Davey 未漲 8%之前）。經過一些協商，Northland 同意在未來 3 個月提供價格保護。Noel 有信心 Northland 會遵守約定。Northland 是個在產業中非常值得尊敬的一員，且不會因為 Colonial 小額合約造成的些微損失而感到不安。

Noel 站在辦公室的白板旁思考修改價格對銷售量的影響。依據 1989 年的標準與預估的銷售，他估計了價格變動後的影響（表 1.3）。他想知道如果接受 Davey 的新價格，未來的價目表該上漲多少？雖然很明顯地 Colonial 如果將供應商轉為 Northland 會賺更多錢，但他仍必須衡量與 Davey 的長期關係。這當中有一件事是確定的，那就是 Colonial 必須在 1989 年有些利潤，所以他開始著手制訂適當的價目表。

表 1.3

預估銷售量對價格變動的反應

價格 1989 年原有價格的變動百分比	銷售量 1989 年原銷售量的變動百分比
+20%	-31%
+10%	-14%
+5%	-9%
0%	0%
-5%	+1%
-10%	+5%

附錄 1

損益表 1986-1989

	年			
	1986	1987	1988	1989
銷貨收入	2,188,825	3,029,176	4,360,571	5,000,000
銷貨成本*	1,629,302	2,234,992	2,948,010	3,333,000**
運費	88,469	74,395	91,542	100,000
銷貨毛利	471,054	769,789	1,321,019	1,567,000
管銷費用				
銷貨與行銷費用	143,172	322,469	623,963	625,000
工程與技術費用	88,523	155,378	202,102	225,000
管理費用	203,206	319,417	506,534	550,000
費用總計	434,901	797,264	1,332,599	1,400,000
淨利（淨損）	36,153	（27,475）	（11,580）	167,000

*銷貨成本中原物料的供應幾乎全由 Davey Lumber 提供。

**此項銷貨成本估計是假設 Davey 的價格會比 1988 後半年增加 2.5%。

附錄 2

Chelsea

爲傳統建築與當代設計的結合。

寬敞明亮是 Chelsea 最顯著的特徵，在這個四房的空間配置中，Chelsea 顯得十分寬敞與舒適。最舒適的房間就是主臥室——有一個大衣櫃和全套的衛浴設備。甚至在樓上還有開了一大片窗子的閱讀區，可以環顧四周環境。

樓下仍延續寬敞的風格，在起居室角落，讓各個房間有開放空間的感覺，在一樓能當書房的地方甚至可當客房使用。

對於那些需要以小地方換大空間的人來說，最明智的抉擇就是 Chelsea Ⅱ！

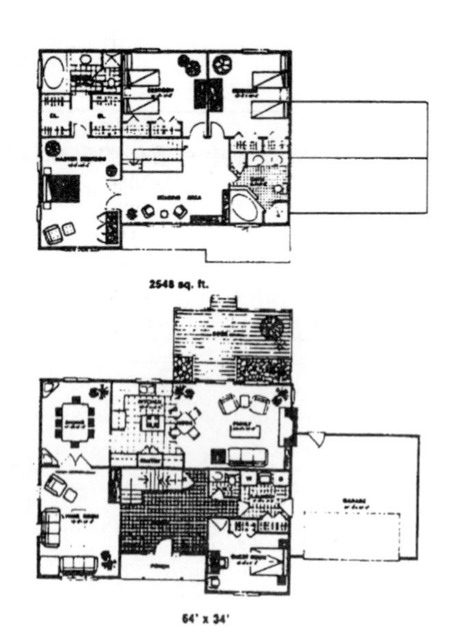

附錄 3

Davey Lumber 以往的價格

	1986		1987		1988	
	1－6月	7－12月	1－6月	7－12月	1－6月	7－12月
木材尺寸（C$/每英呎）						
2"×4"樅木	0.23	0.23	0.23	0.25	0.25	0.24
2"×6"樅木	0.33	0.33	0.33	0.36	0.35	0.35
2"×8"樅木	0.48	0.48	0.48	0.51	0.51	0.49
2"×10"樅木	0.72	0.72	0.72	0.75	0.75	0.75
2"×12"樅木	0.88	0.88	0.88	0.94	0.98	1.30
三夾板（C$/每張）						
5/8"×4'×8' T&G 三夾板	16.96	16.96	16.96	18.72	18.72	16.90
1/2" ×4'×8' Butt 三夾板	13.80	13.80	13.80	15.33	15.33	12.96
Davey 的利潤	1.1605	1.1605	1.1605	1.1605	1.1141	1.1141

附錄 4

Colonial Homes 所需材料及三夾板組合之市場價格（加幣）

（每千板呎：一板呎是木料的單位，相當於一平方呎面積一吋厚的木頭）

	1月	2月	3月	4月	5月	6月	7月	8月	9月	10月	11月	12月
1978	262	264	259	252	268	266	274	282	282	297	291	281
1979	290	291	280	272	274	275	290	311	302	285	257	259
1980	259	249	223	190	226	246	268	257	232	243	267	249
1981	246	236	234	251	246	256	262	234	215	202	212	219
1982	209	209	209	202	210	236	219	212	210	216	234	243
1983	263	254	257	257	290	307	284	248	240	253	250	260
1984	255	268	275	257	242	242	237	256	256	251	263	267
1985	269	262	242	253	279	282	276	265	273	271	274	278
1986	276	273	322	321	308	296	296	309	325	306	312	291
1987	291	311	294	281	282	287	287	309	315	293	282	285
1988	281	276	266	261	253	281	283	263	273	258	250	256

資料來源：Random Lengths 年鑑出版公佈的樅木與三夾板市場價格。原始價格報價以千分之一美元計算，個案作者已轉換成加幣計算。

附錄 4（續）

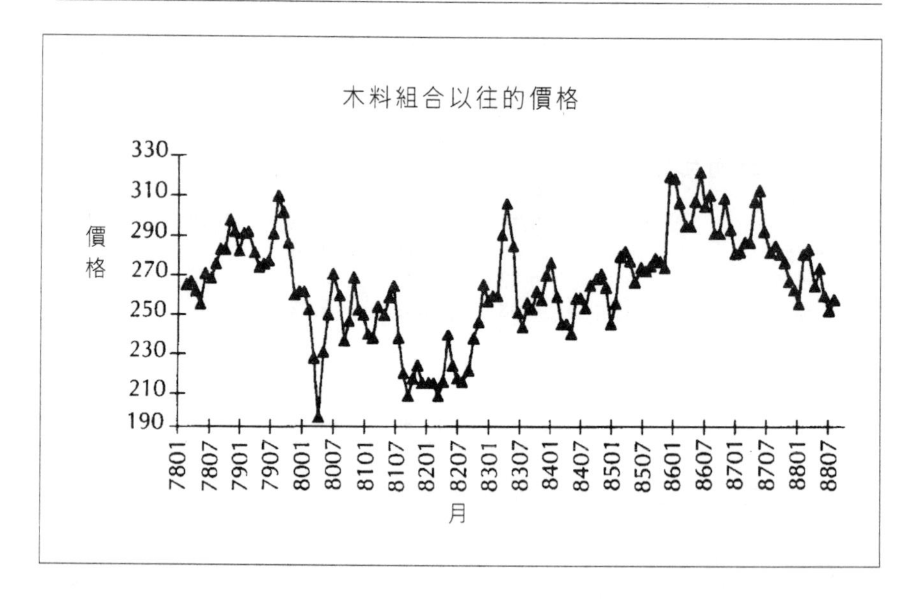
木料組合以往的價格
330
310
290
270
250
230
210
190
價格
7801
7807
7901
7907
8001
8007
8101
8107
8201
8207
8301
8307
8401
8407
8501
8507
8601
8607
8701
8707
8801
8807
月

損益兩平分析

損益兩平分析是一種使用頻繁的分析工具。它通常很有效，但有時也會被誤用。在兩種選擇方案 A、B 當中，試圖解答諸如以下的問題：在何種銷售水準、時間、產量、機率或未來現金流量折現率下會使我覺得選擇 A 與 B 是沒有差別的？通常，兩個選擇方案之一是不採取任何行動。

讓我們看個簡單的例子。製造一個特殊產品每年的固定成本為 10 萬美元，銷售每單位的貢獻 1 美元（也就是說，每單位攸關收益減去攸關變動成本等於 1）。現假設不論其價值，每年的需求量都是一樣。如果你知道每年的需求量是 20 萬個，則你應該繼續生產這產品嗎？當然應該：扣掉固定成本之後的盈餘貢獻為每年 200,000 ×$1－$100,000＝$100,000。另一選擇方案（不生產此產品）則沒有任何盈餘貢獻。

現在假設每年需求量只有七萬個，很清楚地，你不應該生產此產品：扣除固定成本後，每年的盈餘貢獻是負 3 萬美元，這個結果比不生產此產品的貢獻 0 美元還差。

每年需求量多少才會讓你覺得生產與否都沒有差異呢？如果需求量是每年 10 萬個，則每年貢獻是 10 萬美元，恰可沖銷固定成本。易言之，扣掉一般性經常費用的盈餘貢獻是 0 美元，與不生產是相同的。因此損益平衡點是每年 10 萬個單位[5]。

[5] 如果 F 是每個期間製造產品的固定成本，c 是單位貢獻，則每個期間的損益兩平需求量（關係到是否要生產此產品的決策）是 F/c。

損益兩平分析的使用

爲何你會對此損益兩平點有興趣？如果你確知未來每年的需求水準，你只要比較預期需求與損益兩平需求，然後便可決定接下來該怎麼做。但是我們生活在未來充滿不確定性的世界，這不確定性通常會使得決策分析更加複雜。

然而，有時候我們很幸運，例如我們可能相信每年的需求量是十分不確定的——可能高達 1 百萬，但確定不會低於 20 萬。因爲所有可能的結果在這個個案中都高於損益兩平點，所以我們仍應生產此產品。如果我們確知最高可能需求量比損益兩平點 10 萬小，類似的意見會告訴我們不應該生產此產品。但若需求量幾乎確定介於 7 萬到 15 萬之間，單以此基礎就不易決定我們應如何做。也許你可以藉由更詳細的思考來縮小可能需求量的範圍；或者你可以用市場研究來獲得需求的資訊。然而若你已經做了最大的努力來降低不確定性，但仍落在 7 萬與 15 萬之間，則唯一可以做較佳決策的方法是進行決策分析：畫一個決策樹[6]，估計每一種需求量的機率，確定攸關的現金流量，並分析此決策樹。在不確定的世界中，損益兩平分析可能導致明確的決策，不然它會建議做更詳細的分析。

一般來說，損益兩平分析使用於：當你的決策問題是要在兩個選擇方案當中做一選擇，而只有一項關鍵因素不知道時。

[6] 見 Bell 和 Schleifer 所著《不確定情況下的決策》一書，也在本管理系列叢書中。

爲了得到此一因素的資訊，於是你計算損益兩平點——使你覺得兩選擇方案無差別的值。若你相信問題中的真實值幾乎都比損益兩平點大，或幾乎確定比損益兩平點小，則你可以不需進一步分析即可做出適當決策。若因素的真實值落在含損益兩平點的區段，則必須進一步分析。

損益兩平分析的例子

以下是一些實務上使用損益兩平分析的例子：

範例 1：損益兩平需求量

這是我們前面所討論的情況：我們是否應該在已知每年固定成本、每單位需求的貢獻，以及不確定每年需求量的情況下生產產品呢？若此損益兩平點比預測的最低需求量小，我們便可生產；若它比預測的最高需求量大，則我們便不生產；若損益兩平點落在預測的最高點與最低點之間，則應該做一個全盤的決策分析。

範例 2：損益兩平時間（回收期間）

假設推出一種新產品要花 1 億美元，每年需求爲 1 百萬個單位，每銷售一單位對固定成本與製造費用的貢獻爲 20 美元。要花多少年的時間才能「回收」起始的投資？忽略掉貨幣的「時間價值」[7]（換句話說，是現在的 1 美元與以後的 1 美元有相同的現值），我們發現如果新產品若能維持 5 年的時間，恰好可達到損益兩平：推出此新產品與不推出此新產品一樣好。若我們確知此產品在市場上可以存活超過 5 年，則我們應該推出此產品；若我們確知該產品無法維持超過 5 年，則我們不該推出此產品；若我們認爲它會維持 3~8 年，則我們應該做更詳細的分析。

範例 3：損益兩平之無形價值與成本

在之前的問題中，假設我們確知產品的需求恰好會維持 4 年，而且一些新產品將取代它在市場的地位。雖然我們忽略貨幣的時間價值，產品將不會達到損益兩平。但假設我們相信每單位產品的生產與銷售對公司將產生無形的價值（商譽、形象、搭售其他產品等），則推出新產品與否的無形損益兩平點在那裡？再者，忽略貨幣的時間價值，要達到損益平衡，產品必須每單位貢獻 25 美元（實質現金加上無形價值），因此損益兩平無形價值爲$25－$20＝$5。若每單位的需求有超過 5 美元的無形價值，則我們應該推出此產品；若此產品的無形價值不可能超過 5 美元，則我們不應該推出。如果無形價值可能高於也可能低於 5 美元，則我們應該作更詳細的分析。

[7] 在現實分析中，貨幣的時間價值不應被忽略。假設我們每年能從其他事業的投資賺得 10%（換言之，投資於生產此產品的機會成本和產生的現金流量為每年 10%），則（折現）回收期間就是每年折現現金流量 2 千萬直到總和為 1 億元所得的年數，回收期間大約為 7.3 年而非 5 年。

範例 4：損益兩平機率[8]

假設你正在銷售每單位 5 美元的某產品；你的競爭者也以相同的定價銷售一樣的產品。產品的變動成本爲每單位 2 美元，無固定成本。每年你製造的產品需求爲 10 萬個，在售價 5 美元情況下，對製造費用的貢獻就有 30 萬美元。如你正考慮明年降價至 4 美元，如果唯一競爭者價格仍維持在 5 美元，則你製造產品的需求將有 20 萬個，此時對製造費用的貢獻有 40 萬美元。另一方面，如果競爭者跟隨著你降價，則明年的需求會降爲 12 萬 5 千個，且貢獻變爲 25 萬美元。你不知道競爭者跟著降價的機率有多少。如果機率是 0.1，則預期貢獻是 0.1*$250,000＋0.9*$400,000＝$385,000，那你最好降低價格。反過來說，如果機率爲 0.8，則預期貢獻爲 0.8*$250,000＋0.2*$400,000＝$280,000，所以維持 5 美元對你比較好。在那一個機率會讓你覺得並無差異呢？假設 p 是競爭者跟隨你價格的機率，則售價爲 4 美元時的預期貢獻爲 p*$250,000＋（1-p）*$400,000。在預期貢獻爲 30 萬美元的條件下，當 p=2/3 時將產生損益兩平。如果你相信競爭者跟隨你價格的機率超過 2/3 時，則不應該降價；如果機率小於 2/3，則應該降價。

範例 5：損益兩平折現率（內部報酬率）[9]

新產品推出的成本爲 1 億美元。在單位售價 30 美元之情況，每年預期銷售量爲 1 百萬個，每個產品的單位變動成本爲 10 美元，無固定成本。預期該產品的生命週期爲 10 年。如果

[8] 損益兩平分析法的使用與不確定情況下的決策有關。
[9] 損益兩平分析亦與第 4 章時間價值的討論有關。

你的折現率爲 10%，是否應該推出此產品？答案是肯定的：淨現值（NPV）爲$22,900,000，比完全不做任何事 NPV 爲$0 的方案還好。如果你的折現率爲 20%，相對地就不該推出此產品：NPV 爲負$16,200,000。在 NPV=0 之情況下其折現率應該爲多少？換句話說，在該產品推出與否之間沒有差異時的折現率應該爲多少？答案是 15.1%。此損益兩平折現率也稱爲內部報酬率（IRR），若你的折現率小於 IRR，則應該做此投資；如果大於 IRR，則不該投資[10]（注意：這與損益兩平需求分析不同，個案中低折現率表示該做此決策，高折現率則是不該投資）。

計算損益兩平值

如何計算損益兩平值取決於你想解決什麼問題。在一些例子可由方程式計算出損益兩平值。範例 1 及 4 提供兩個這樣的例子。假如方程式十分複雜或你不喜歡使用方程式，可以用試誤法來找到損益兩平值。要找到損益兩平值可以靠著建立一個試算表，把要求解的損益兩平值因素當作輸入變數，計算不同輸入變數下兩選擇方案的攸關值（貢獻、預期貢獻、淨現值），直到你找到一個使兩方案有相同結果的輸入變數。另外也可以運用圖表的方式繪出在不同的輸入變數下，代表兩個選擇方案攸關值的兩條曲線或直線。損益兩平值則發生在兩條線相交之

[10] 有些個案的內部報酬率也許不只一個（換言之，NPV=0 的折現率不只一個），在本書中我們不考慮這些情況。

處。圖 1.1，1.2，1.3 即為範例 1（損益兩平需求量）、範例 4（損益兩平機率）、範例 5（損益兩平折現率）之圖示[11]。

圖 1.1

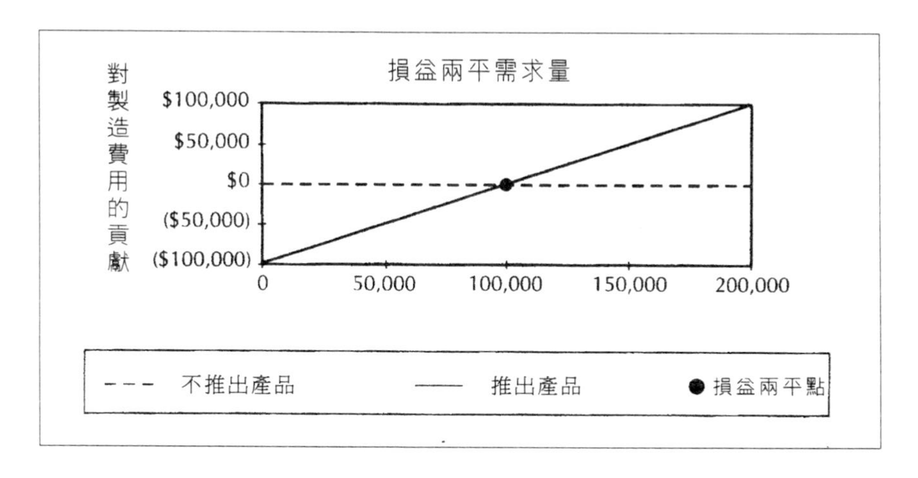

[11] 圖 1.3 亦與第 4 章有關，試算表使用 Excel 中的=*PV* 功能。而計算內部報酬率最簡單的方法是使用 Excel 中的=***IRR*** 功能。

圖 1.2

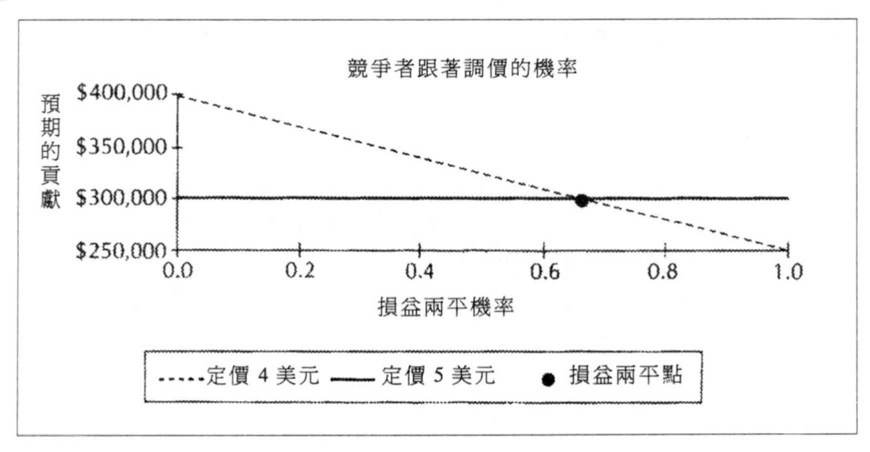
競爭者跟著調價的機率
預期的貢獻
$400,000
$350,000
$300,000
$250,000
0.0
0.2
0.4
0.6
0.8
1.0
損益兩平機率
定價 4 美元
定價 5 美元
損益兩平點

圖 1.3

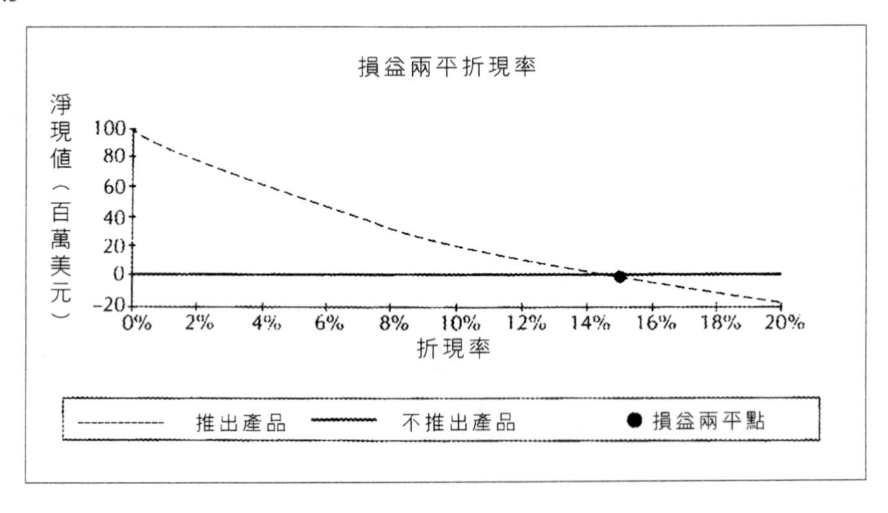
損益兩平折現率
淨現值（百萬美元）
100
80
60
40
20
0
-20
0%
2%
4%
6%
8%
10%
12%
14%
16%
18%
20%
折現率
推出產品
不推出產品
損益兩平點

常見誤用損益兩平分析的情形

誤將損益兩平視為一種目標

損益兩平值是使兩選擇方案產生相同結果的值。經理人的目的應該是依現金流量、淨現值或預期貢獻為基準，並且盡可能將無形價值列入考慮，進而決定一個較佳的方案。對經理人來說，推出一個剛好達到損益兩平的產品，並不會比不推出還好，因此那並不是一個好的決策，除非在分析產品推出與否的決策中，有一些未被正式考慮的策略性價值或輔助價值。

損益兩平的錯誤比較

假設有兩種生產新產品的方式被你列入考慮，第一種是較低的固定成本與較高的變動成本；第二種則是較高的固定成本與較低的變動成本。你是否該推出此一新產品？應採取何種生產方式？明確地說，假設該新產品每單位售價$3。第一種生產方式每年的固定成本為 1 萬美元且每單位的變動成本$2；第二種生產方式每年的固定成本為 10 萬美元且每單位變動成本$1。則很容易看出第一種生產方式的損益兩平需求量是每年 1 萬個單位，而第二種生產方式是每年 5 萬個單位。是否該採用第一種生產方式，只因為它的損益兩平需求量較低？若需求量為每年 10 萬個單位，你可以很快的算出第一種生產方式每年有 9 萬美元的貢獻；而第二種生產方式將有 10 萬美元的貢獻。所以很清楚地，要採取那一個生產方式取決於可能的需求水準，而不是比較兩個損益兩平需求量。

圖 1.4 顯示需求量對製造費用貢獻的影響。當你（1）不推出新產品；（2）以第一種生產方式生產；（3）以第二種生產方式生產，會產生三個損益兩平值。我們已討論過其中兩種情形（兩種生產方式分別與不推出新產品的損益兩平分析），而第三種情形是第一種生產方式和第二種生產方式的損益兩平分析（損益兩平需求量 9 萬個單位）。假如你已決定要推出新產品，則第三個損益兩平值對你決定使用那個生產方式是很重要的。

對一個完整的分析來說，如果你知道每年的需求量少於 1 萬個，則你不應推出此產品；若每年需求量介於 1 萬與 9 萬之間，則你應以第一種生產方式生產產品；如果每年需求量會大於 9 萬個，則你應該以第二種生產方式生產新產品。[12]

圖 1.4

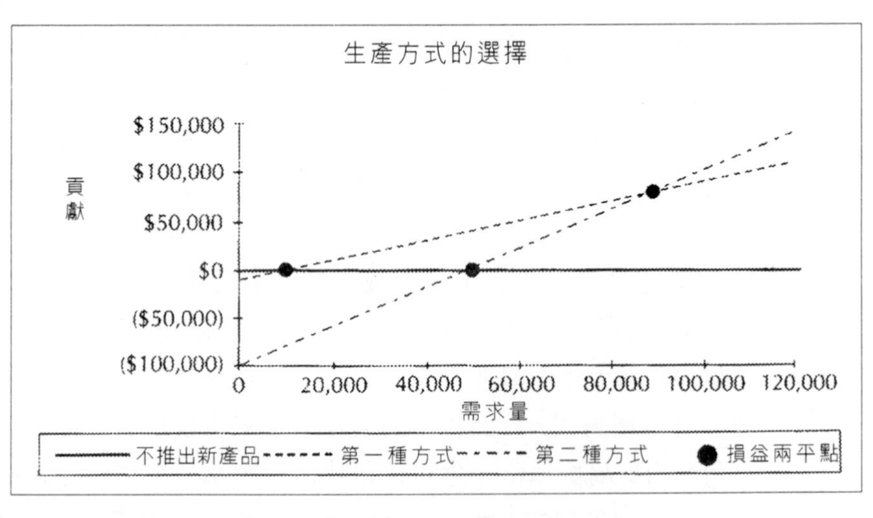

[12] 這個錯誤常發生在我們分析資本投資方案時。在兩個互斥的投資機會中作選擇時，分析師通常錯誤的以內部報酬率作為投資方案的選擇基準，而不是用適當的折現率所計算出的淨現值作為選擇的基準。

誤用「猜測法」

讓我們看看下面的例子。若是你正考慮推出一種售價 10 美元的新產品，每年固定成本爲 15 萬美元。在產量達到每年 7 萬 5 千個之前，每一單位的變動成本都是 8 美元；但因爲經濟規模之故，超過 7 萬 5 千個的數量，每單位變動成本只要 5 美元。我們可以很容易算出此產品的損益兩平點落在每年 7 萬 5 千個。雖然每年實際需求量無法確定，但你相信它不會低於 2 萬 5 千個，也不會高於 15 萬個。因爲這個範圍與損益兩平點有所重疊，所以在我們在進一步分析之前，不能決定是否該推出新產品。現在我們假設需求量的機率分配如表 1.4 所示：

表 1.4

需求量	機率
25,000	0.30
50,000	0.25
80,000	0.25
150,000	0.20
	1.00

最可能的需求量 2 萬 5 千個，比損益兩平點還低，看來我們不應推出此產品。再換個方式觀察，需求量低於損益兩平點的機率是 0.55，所以我們不應推出此產品。以第三種方式預期需求量 7 萬個來看，它仍舊比損益兩平點低，因此我們還是不應推出此產品。然而，若是我們繪出決策樹，就會發現推出新

產品的預期貢獻爲$38,750，比不推出新產品的貢獻$0 還大。

其中的道理在於我們在作決策前無法降低不確定性，而且損益兩平值落在這個不確定性的範圍裡面，所以沒有任何方法可以省略掉完整的決策分析。

二元損益兩平

當一個決策問題所有的變數只有一個是未知的時候，我們通常可以用損益兩平分析來幫助決策。但當我們同時面對兩個關鍵投入變數無法確定時，我們可以很直接的延伸單純損益兩平分析的概念，以決定可以達成最佳決策的兩個未知變數組合值。

讓我們修改一下範例 4（損益兩平機率）的條件。除了你無法確知競爭者跟隨你降價到$4 的機率外，你也無法知道當雙方都降價到$4 時，對你產品的需求量會有多少？（其它條件就像範例 4 的原始描述一般，你已知當你與競爭者都維持價格在$5，產品需求量爲 10 萬個，且若你降價而競爭者不降價，則產品需求量爲 20 萬個）

你可以在$4 的狀況下設定各種不同的需求水準，且藉由損益兩平機率來求解這個問題，正如我們在範例 4 中所做的一樣。之後你會解出一個使訂價$4 與$5 時預期貢獻相等的需求量與機率值。而更直接的方式是運用一些代數方法來計算。

假設 d 是雙方皆在單價$4 時你的需求量，p 是競爭者跟隨你降價到$4 的機率。要記得每單位變動成本爲$2，所以你的預期貢獻是：$2*d*p＋$2*200,000*（1-p）

你想要知道與售價$5所產生的預期貢獻$300,000相等的 d 值及 p 值，則公式設定如下：

$2*d*p＋$2*200,000*（1-p）=$300,000

經過一些代數簡化運算得到：

p = 50,000／（200,000-d）

很明顯地，p 與 d 都不能小於 0，而 p 也不能大於 1。當 d=150,000，p=1；當 d=0，p=0.25，p 與 d 的關係如圖 1.5 所示。若 d 及 p 的組合在圖 1.5 的曲線上方，較好的決策是維持價格在$5，若組合落在曲線下方，較好的決策是降價至$4。若組合剛好落在線上，則兩決策之預期貢獻是相同的。

圖 1.5

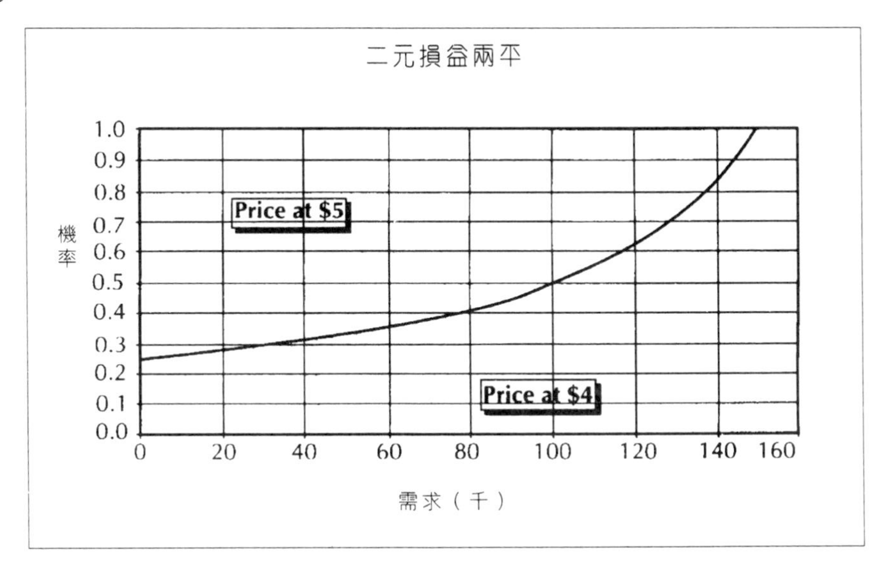

有趣的是即使你已知當你降價時，你的競爭者一定會採取相同的降價策略（p=1），但只要你確定兩者價格皆為$4 時，

你製造的產品需求至少有 15 萬個，那麼你仍該降價。同樣的，即使你認爲當你與競爭者雙方都降低價格到$4，你的需求會一路降到 0，但只要你估計競爭者也跟著降價的機率小於 0.25，你還是應該降價。更有趣的是當雙方產品的價格皆爲$4，且對你產品的需求量爲 10 萬個，與雙方價格皆爲$5 的需求量相同時，會是什麼樣的情形？根據圖 1.5 可以得知：如果你判斷競爭者跟著降價的機率小於 0.5，你應該繼續將價格訂在$4。

在許多狀況下，二元損益兩平分析可以幫助你確認決策過程的完備性，或是幫助你決定某一決策是否需要更多的資料與更周密的判斷，甚至是建議你利用現有的判斷與資料作更全面的分析。

練習題

自我測驗

習題 1 至 6 有以下的特點：（1）能幫助你瞭解損益兩平分析的限制及其與決策分析的關係；（2）能幫助你練習決策問題的圖表化與分析；（3）能幫助你運用 Excel 作爲解決問題的輔助工具。

1. 在範例 2（回收期間），假設新產品在市場中的存活期間及機率分別爲 3 年、0.3；5 年、0.3；7 年、0.4。畫出決策圖並分析它，以決定是否應該推出新產品。

   A. 首先，忽略貨幣的時間價值。

B. 其次，假設未來現金流量的折現率爲 10%。

2. 在範例 3（無形價值），假設無形價值可能爲$3 或$8，而機率均爲 0.5，則公司應該推出此新產品嗎？
3. 在範例 4（損益兩平機率）中，若你的競爭者跟著你降低至價格$4 的機率爲 0.3，畫出決策圖並分析。
4. 在誤用損益兩平分析的第二個例子中（損益兩平的錯誤比較），假設需求的可能值爲 5,000、40,000、150,000。在三種需求可能值的機率情況下，畫出決策圖並決定出最佳行動方案：

   A. 0.9，0.1，0

   B. 0.6，0.3，0.1

   C. 0.1，0.4，0.5
5. 在誤用損益兩平分析的第三個例子中（誤用猜測法），畫出決策圖表並註明推出新產品的期望值爲$38,750。

課堂討論

6. Princess 廚具公司生產一系列烤麵包機，型號 121A 的建議零售價爲$25，銷售模式是產品賣給大盤商之後再轉賣給零售商。Princess 給大盤商的價格爲$15。製造型號 121A 烤麵包機的變動成本爲$10；此外，型號 121A 每年必須負擔的固定成本$300,000。這包括了使用生產線製造此產品的直接與機會成本，以及一些變動的行銷費用。

A. 在怎樣的銷售水準下，型號 121A 烤麵包機會達到損益兩平？

B. Princess 正在打算推出一種新型烤麵包機—型號 121B，它在設計及功能上都有所改進。開發此型號須投入$1,000,000。它的建議零售價爲$35，給大盤商的價格爲$22，變動成本爲$12，固定成本爲每年$400,000。不考慮貨幣的時間價值的情況下，假設此產品每年需求爲 10 萬個，則要多少年才可以達到損益兩平？若每年需求爲 5 萬個，則又要多久呢？

C. 除了貨幣的折現率爲每年 10%外，其餘設定與問題 B 相同。

D. 若 Princess 開發並將推出新產品，且他們相信型號 121B 的推出將使型號 121A 的銷售降爲每年 2 萬個，則型號 121B 每年需求的損益兩平值爲多少？

7. Tavern 是一家每年營業額$10,000,000 的餐廳。American Distress（AD）是一家信用卡公司，他們希望 Tavern 能接受 AD 的信用卡。Tavern 因爲不想在用信用卡銷售時被 AD 抽取 5%的手續費，直至現在還是只做現金交易。當然，一些潛在消費者會因爲付現的不方便而不在 Tavern 消費。食物與飲料成本爲銷售額的 40%。

   A. 假設 Tavern 決定接受 AD 信用卡，且所有顧客全都使用它。在此情況下，要增加多少銷售額才能達到損益兩平？

B. 假設只有 50%的顧客會使用信用卡，Tavern 要增加多少銷售額才能達到損益兩平？

C. 假設你不知道有多少比例的顧客會使用信用卡，也不知道若接受信用卡之後銷售額會增加多少。則利用二元損益兩平分析，說明在怎樣的狀況下接受 AD 信用卡可以獲利，而在怎樣的情況下無法獲利。

8. ATP 是一種由 Genentech 生產及銷售，可用在消除心臟血管栓塞的藥品。不幸地，它非常昂貴而且不是百分之百有效。一劑能夠消除心臟血管栓塞的藥品大約需花費$2,500。一項花費$55,000,000 的醫學研究顯示，41,000 心臟病患有 6.3%在服用 ATP 後一個月內死亡；而另一種較有效的消除心臟血管栓塞藥劑 Streptokinase，售價雖只有$300，但有 7.3%的心臟病患在服用後一個月內死亡。（不服用任何消除心臟血管栓塞藥劑的心臟病患死亡率為 12%）基於以下假設，則人命的損益兩平值是多少？

A. 使用 ATP

B. 使用其它消除心臟血管栓塞藥劑

C. 使用 ATP 而不使用其它消除心臟血管栓塞藥劑

9. 一家公司考慮在特殊生產流程中，採用能夠節省勞力的二種設備之一。其中一種設備花費$400,000，6 年內每年可節省$100,000。另一種設備只花費$100,000，6 年內每年可節省$40,000。

A. 使用 Excel，分別計算兩種投資方案的內部報酬率。

B. 若折現率爲 5%，則應選擇那一投資方案？

C. 另外，折現率分別爲 10%、15%、40%時，又應選擇那一投資方案？

D. 畫一圖表，將兩專案的淨現值以折現率的函數表示，則損益兩平折現率爲多少？

價量決定

產品定價的高低與生產數量的多寡是兩個企業基本決策，本節將檢視一些影響這兩種決策的經濟因素。首先，我們討論適當的決策標準，然後考慮需求曲線，以了解需求曲線如何建立價格與數量的關聯性。分析的基礎是建立在一條決策規則：最佳的價量決策必須使得邊際收益等於邊際成本。資源受限狀況下的價量決定則在稍後分析。最後，我們對個案做一些探討。

適當的決策標準

當決定價格與數量時，公司的目標應該爲何？市場佔有率最大化嗎？達到成本上的某一利潤嗎？銷售報酬率最大化嗎？至少達到某一投資報酬率嗎？

讓我們逐項思考這些問題。要一個公司努力增加市場佔有率是合理的，但是應該爲此目標而選擇低價，甚至犧牲賴以生存的利潤嗎？「成本加上利潤」是一個可以消除大部份定價決策困擾的決策規則，但公司各項產品的利潤率不論是在獨佔市場或是在完全競爭市場均一樣，這是否合乎常理？「最大化銷售報酬率」與「投資報酬率」至少有兩個缺點：第一、它們只衡量比率而不是絕對數量，它們的最大化可能是分子極大（這是好的），也可能是分母極小（這是不好的）；第二、兩種衡量對「報酬率」的定義可能會過度的敏感。表 1.5 可證明「銷售報酬率最大化」之缺點。

表 1.5

	A 方案	B 方案 （單位:百萬美元）	C 方案
銷貨收入	$95	$70	$50
變動成本	$63	$42	$28
銷貨收入減變動成本	$32	$28	$22
分攤成本*	$19	$14	$10
淨利	$13	$14	$12
銷售報酬率	13.7%	20.0%	24.0%

*分擔整個公司的一般及管理費用——不論選擇 A、B、C 任一方案，分攤率為銷貨收入的 20%。

公司應該選擇 C 案因爲它有最大的銷售報酬率嗎？顯然不是！雖然 C 方案有較高的銷售報酬率，但這不是因爲它的淨利較高，而是因爲它的銷售收入較低（如前所述，銷售報酬率高，是因爲分子大，分母小）。

應該選擇有最大絕對報酬的B方案嗎？B方案也不是正確的選擇！B方案的「淨利」最高，但是淨利已扣掉分攤成本——分攤成本與任何方案皆不相關，且不管選擇那一方案皆會發生的成本（能夠歸屬於某一方案的都是變動成本）。

公司適當的決策標準應該是：選擇稅後淨現金流量現值最大者。「淨現金流量」與「淨利」是不同的。通常，淨利是扣掉分攤成本、延付稅款、折舊費用（但不是資金成本）、應計費用等。另一方面，淨現金流量的計算來自於可選擇方案中所產生的現金流量。這些計算包括因折舊產生的稅金利得與資金成本，但不包括分攤成本及決策時點前所發生的成本；此外，它們也須計入實際的費用收入和支出。

我們在此簡化下列的假定：收益與成本沒有延遲支付、沒有折舊、稅率爲0、以及現金流量時間過短而不須考慮貨幣時間價值。在這些假設下，每一方案的淨現金流量是「銷售收入」與「變動成本」的差額。

回到表1.5的例子。則最正確的選擇爲A方案：它有最大的淨現金流量——3千2百萬美元，大於B方案的2千8百萬美元，C方案的2千2百萬美元。

不可否認地，上面的討論有些過分簡化。在決策的系統，每個人可以使用不同的決策標準去做有效的評估，例如「銷售報酬率最大化」或「達到某種水準的利潤率」、「至少達到某一投資報酬率」等。

價格、數量、需求曲線

假設公司使用適當的決策標準，並用它來決定產品的價格和數量。在決策時是否完全不受限制？通常這是不可能的，因爲有下列的因素：需求有限、供給受限及競爭威脅。我們在此節先討論需求限制的問題，接下來再考慮供給產能限制與競爭問題。

爲了引用有限需求的概念，假設該公司在各種考量下爲該產品定一個價格。消費者知道這個價格並決定是否要購買。此決策是由消費者個人在比較產品價格以及他（她）所願意支付的最大價格爲基礎所決定：消費者只有在他（她）願意支付的價格大於或等於產品價格時才會購買此產品。（消費者願意支付的價格與產品價格之間的差數即是「消費者剩餘」，只有當消費者剩餘大於或等於 0 時，消費者才會購買此產品）

什麼因素使消費者願意購買產品？很明顯地，產品本身是關鍵的因素：大部份的人會願意付出較多的錢來購買汽車，而不是手錶。以常見的產品分類來說，消費者願意支付的價格取決於產品特徵、品質以及效用等。因此，以汽車來講，我們願意爲更大的馬力、空間、空調、天窗等支付額外的價格。以消費性產品爲例（不像耐久性產品，消費性產品通常是重複性購買且數量通常大於 1），每單位願意支付的價格隨數量的增加而降低（第 5 杓冰淇淋不像第 1 杓那樣有價值，甚至可能有負面價值）。不管是耐久性或是消費性產品，消費者願意支付的價格亦取決於對其有利的可行方案。因此當競爭者提供更便宜的選擇，不管是完全的替代品或是不完全的替代品，消費者願意支付的價格都會降低。此外，消費者對產品的偏好亦由他（她）的所得、財富、消費預算與嗜好決定。

因爲消費者只在他（她）願意支付的價格超過產品價格時才會購買，且因爲每一種消費族群基本上都是異質的（有些消費者給此產品評價很高，有些只略有好評，有些則認爲完全不具價值），所以原則上只有一部份的消費者會選擇購買此產品。換句話說，產品的需求是有限的。

一般來說，當價格越高，則願意支付的價格比售價高或是相等的消費者就越少，因此需求也越少。反過來說，當價格越低，則願意支付比售價高或相等價格的消費者就越多，需求也就越大。這特質可以用圖形表示，橫軸爲價格，縱軸爲需求量（圖 1.6），圖中的曲線叫做產品的需求曲線：它將產品數量即消費者需求量視爲價格的函數。因爲當價格上漲時需求通常是減少，所以需求曲線基本上是向下傾斜的。你可以把需求曲線當作是公司價量決策的限制條件：一旦價格決定，數量自然就決定；反之亦然。

圖 1.6

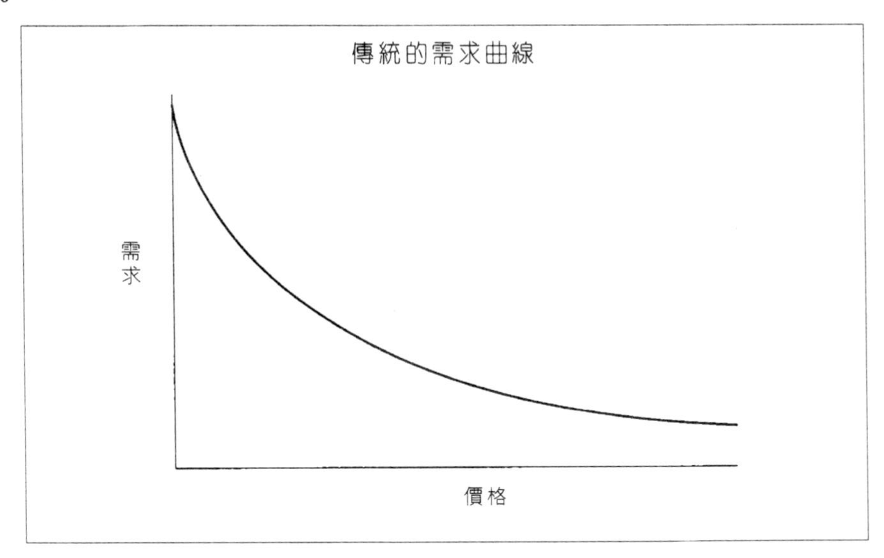

需求曲線的形狀在決定產品的價格與數量中扮演重要的角色。在此圖形中最重要的參數是需求彈性：因價格上升 1%會使數量下降的百分比（或是說，因價格下降 1%會使數量上升的百分比）。

圖 1.7 舉例說明需求彈性的兩種情形：第一種曲線爲有需求彈性的個案，表示價格作微幅下降將導致需求量大幅度改變。例如，奢侈品的消費——勞斯萊斯汽車就有高需求彈性。第二種曲線爲無需求彈性的個案，表示價格作大幅的降價只會導致需求量作小幅度的改變。例如，民生必需品的需求——必要的食物、能源和衣服等；它們相對地無需求彈性。

圖 1.7

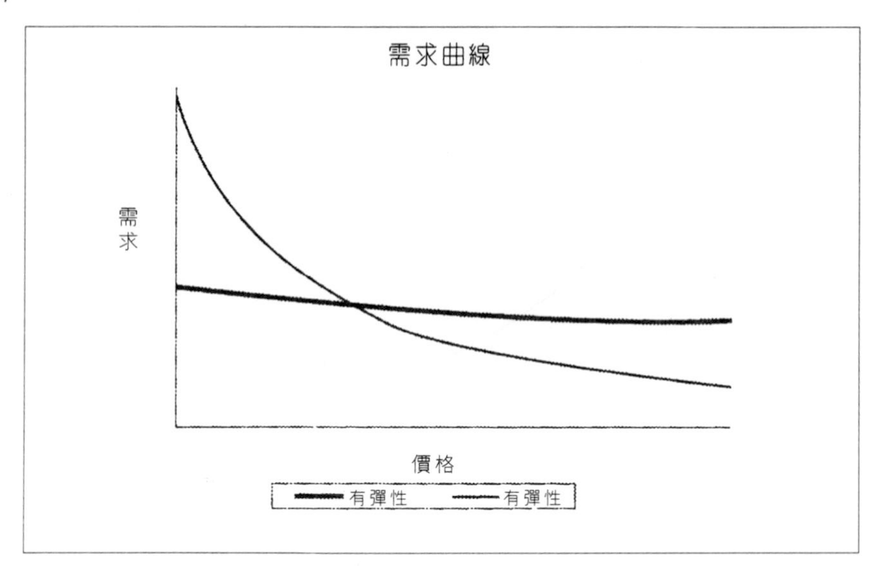

決定最適價格與數量

我們已經瞭解公司的目標在使產品攸關收益與成本的差額最大化。本節，我們檢視公司應如何利用產品的需求曲線選擇最適當的價量組合。然而，在開始分析之前，我們應該要瞭解公司必須在「做或不做」（go-no go）之間作決策，比方說它要決定是否推出某項產品。有趣的是，雖然「做或不做」的決策在實務上多半已先決定了；但在分析過程中，公司須先選擇價量組合，再決定是否要生產此產品。

計算產品需求所產生的收益相當簡單：將價格乘以數量即

可得到結果。至於產品的成本，則使用數量變異來區分隨著數量變化而改變的成本（變動成本，如原料及直接人工）及不會隨著數量變化而改變的成本（固定成本，如產品推出成本、間接人工和產品監督成本、租金）。因爲固定成本不隨數量變化，所以它們對數量的決策並沒有什麼意義，只有變動成本與此決策相關。因此，決策應該以收益與變動成本之間的差額（也就是貢獻）最大化爲基礎。當然，固定成本並非完全無關，如果最大貢獻仍不足以抵銷固定成本，則公司應該停止生產此產品。換句話說，固定成本只與「做或不做」的決策相關，而與數量的決策無關。（公司與其它產品、事業，以及整個公司管理相關的成本，不會改變公司所做的所有產品決策；它們與數量的決策無關，也與「做或不做」的決策無關。）

公司可採用以下步驟來決定貢獻最大化時的價格與數量（見圖 1.8 與表 1.6）：由價格 P_1 開始，自需求曲線得到 D_1 的需求，計算出價格 P_1 的貢獻；選擇一新的價格 P_2，由需求曲線得到 D_2，並計算出 P_2 的貢獻；選擇一新的價格 P_3，由需求曲線得到 D_3，計算 P_3 的貢獻；選擇一新價格 P_4，由需求曲線得到 D_4，計算 P_4 的貢獻……直到所選取的價格可以得到最大貢獻爲止。沿著需求曲線取樣的點越多，則最終答案會越接近真正的最適點。

圖 1.8

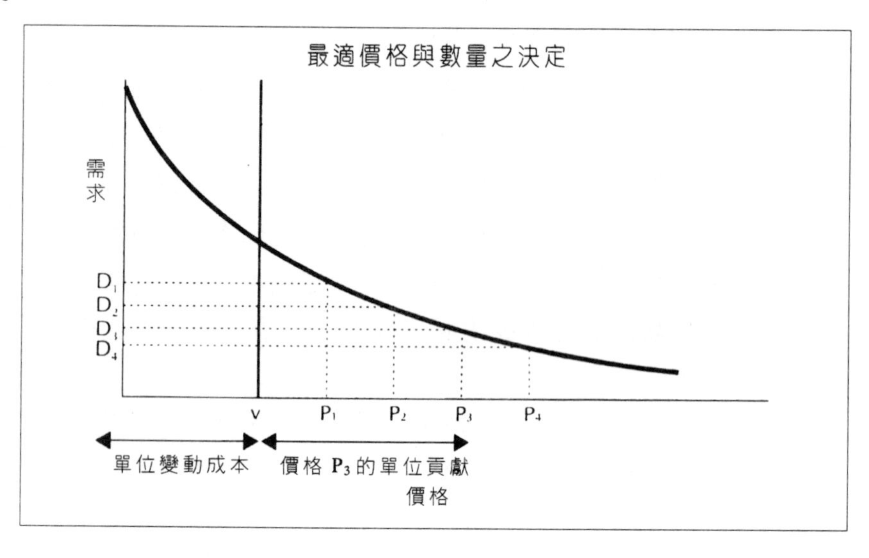

表 1.6

最適價格與數量之決定

價格	需求	單位變動成本	單位貢獻	總貢獻
P_1	D_1	V	〔P_1-V〕	〔P_1-V〕*D_1
P_2	D_2	V	〔P_2-V〕	〔P_2-V〕*D_2
P_3	D_3	V	〔P_3-V〕	〔P_3-V〕*D_3
P_4	D_4	V	〔P_4-V〕	〔P_4-V〕*D_4

要瞭解上述程序的運作，讓我們回到需求曲線上（見圖1.9）。決策者由一低價開始（不低於每單位變動成本）並小幅增加，隨時檢視是否收益會大於成本。舉例來說，決策者考慮將價格由 P_A 漲至 P_B。

在價格 P_A，（A+C）區代表總貢獻。在價格 P_B，（B+C）

區代表總貢獻。則公司是否應將價格由 P_A 漲至 P_B？若（B+C）>（A+C）則答案爲肯定的，反之則否。觀察（B+C）-（A+C）=B-A

=「由於漲價所增加的收益」

-「由於需求減少所造成貢獻之降低」

圖 1.9

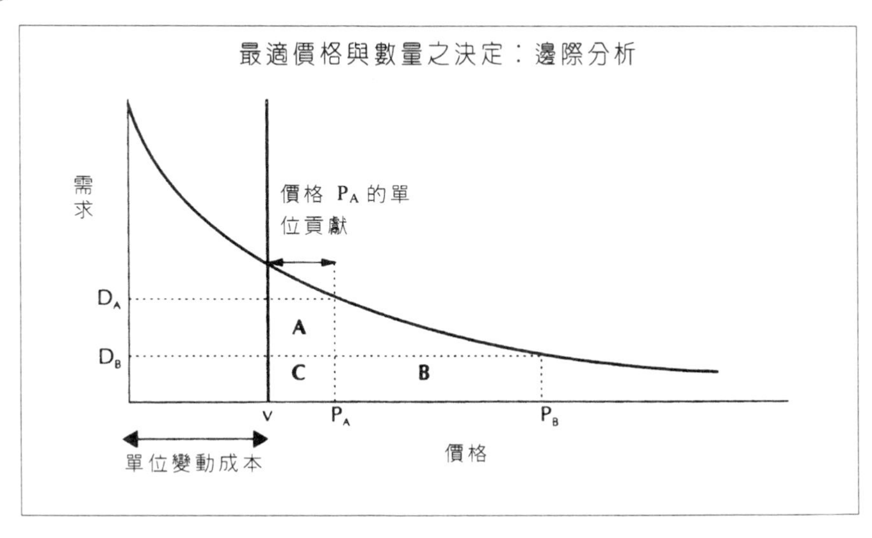

只要提高價格所增加的收益超過需求減少所降低的貢獻，決策者即可逐步的漲價。最後，當提高價格所增加的收益與需求減少所降低的貢獻二者相等時，這就是最適點。但若漲價太多，將使提高價格所增加的收益少於需求減少所降低的貢獻。這就是邊際分析的概念。

一旦公司得到最適價格與數量，它應檢討總貢獻是否超過產品的固定成本。

上述的討論都是假設產品每單位變動成本是固定的：第 2 個單位所增加的成本與第 3 單位、第 4 單位、第 45 單位、甚至第 7363 單位等都相同。換句話說，增加生產所產生的成本和總數量是無關的。實務上，這個假設只在生產數量的攸關範圍內發生。在攸關範圍外，當總生產數量增加時，單位變動成本可能增加（因為生產的不經濟性）或減少（因為生產的經濟性）。此外，在一些情況中，例如聯合產品與成本就不容易在任何生產水準下決定單位變動成本。在本書中，我們僅討論單位變動成本不隨總生產數量變動的情況。

例：The Digital Airtime Hogmeter

你正想要推出一種高科技產品：Digital AirTime Hogmeter。新產品的市場是有限的：你並不指望除了 800 名著名商學院的新生以外，還有別人會購買此產品；且這將是僅只一次的購買行為，因為這產品對第二年的學生是沒有什麼價值的。若你送出此產品，則所有 800 名學生都會領取這免費的贈品。但你不會想要做這樣的事情，因為你的供應商是來自亞太地區的 Oisac 公司，它針對每一產品對你收取$20 的費用，則此產品的售價應為多少？且你應訂購多少數量？

你做的第一件事是進行一些市場研究：是否有任何人會付一兆美元來買此產品？不可能！1 千美元如何？也不可能！用一支$16.95 的錶、一張紙、一支鉛筆可以達到類似的效果。1 百美元呢？可能有人會有一點興趣，但是沒有人會肯定地說願意。80 美元呢？人們正開始要購買，但還是沒多少人。79 美元呢？10 個人指出他們會以 79 美元買下此產品。你嘗試 70 美元，現在需求已經建立起來，1 百個人指出有購買的意願（在 8 百人的母體中，1 百人願意支付大於或等於 70 美元的價格），你發現若價格為 60 美元，則有 2 百人購買，50 美元有 3 百人，40 美元有 4 百人，30 美元有 5 百人，20 美元有 6 百人，10 美元有 7 百人（當然你不會這樣做，因為每一個產品要花費成本 20 美元）。你在一張圖上畫下這些資料，並得到一條需求曲線（圖 1.10）。[13]

圖 1.10

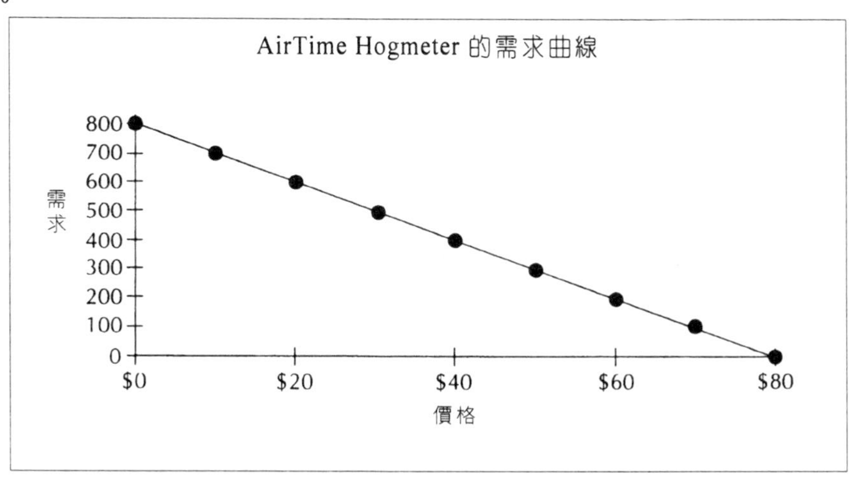

利用前述的程序，便能找到最適的價格與數量。表 1.7 依照表 1.6 的方法製成，而圖 1.11 描繪總貢獻圖的價格函數。由

[13] 你也許注意到這條需求曲線並不像圖 1.6 至 1.9 的直線。一般來說，直線需求曲線能合理地解釋攸關範圍內的價格與需求關係；但是當價格接近 0 時，價格減半對需求只有些微影響；當需求接近 0 時，價格細微的改變將使需求降至 0。在現實世界中這些狀況無法反應價格與需求的關係。

表 1.7 與圖 1.11 我們得知，當價格爲 50 美元且需求量爲 300 時，會產生最大貢獻，而最大貢獻爲 9 千美元。這貢獻會超過銷售成本與管理費用嗎？如果是，你應該繼續進行。

表 1.7

AirTime Hogmeter 最適價格與數量之決定

價格	需求	變動成本	單位貢獻	總貢獻
$20	600	$20	$0	$0
$30	500	$20	$10	$5,000
$40	400	$20	$20	$8,000
$50	300	$20	$30	$9,000
$60	200	$20	$40	$8,000
$70	100	$20	$50	$5,000
$80	0	$20	$60	$0

圖 1.11

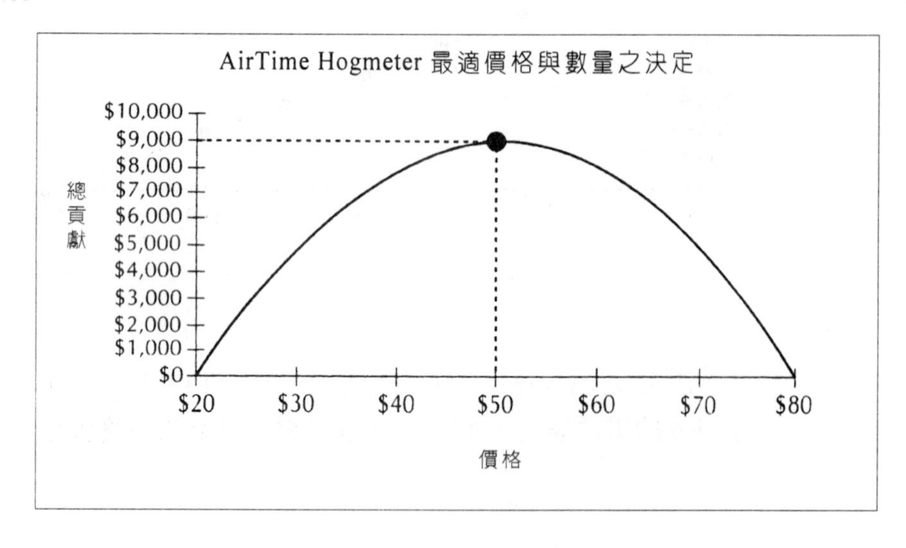

在資源受限下之價量決定

在上一節中，我們看到需求曲線如何成為公司對於價量選擇的限制條件。在本節中，我們則討論若存在資源的限制，價量的決策會如何。我們使用包括兩個產品——現有產品 A 以及新產品 B——的例子。這兩個產品是無關的，但是它們使用共同的資源，且該資源是有限的。

假設公司以$50 銷售 A 產品。A 產品的固定成本為$15,000，每單位的變動成本為$10（因此第一單位的產品成本為$15,010；每增加生產一單位的產品會多$10 的成本）。市場上對於 A 產品的需求非常殷切，但因為公司產能有限，生產數量無法達到市場的需求。每製造一單位的 A 產品需要 4 機器小時，而公司只有 2,000 機器小時可利用，故最多只能生產 500 單位。在這個生產水準下，該公司獲得的總貢獻為$20,000（單位貢獻$40 乘以 500 單位），淨現金流量為$5,000（支付 A 產品的直接固定成本$15,000 後）。

接著來看 B 產品。首先公司必須考慮若將產能由 A 產品移轉到 B 產品是不是比較有利。假設公司由 A 產品移轉 4 小時的機器產能給 B 產品，A 產品將會減少一單位（由 500 降為 499），並減少$40 的總貢獻。很清楚地，只有 B 產品在 4 機器小時中能沖銷所損失的$40 貢獻時，公司才應該移轉產能給 B 產品。假設生產一單位的 B 產品需要 2 機器小時，則在 4 機器小時中，該公司可生產 2 單位的 B 產品。因此只有在銷售每單位 B 產品的實際貢獻超過$20 時，才應該製造 B 產品（每減少一單位 A 產品會損失$40 的貢獻，除以 2 單位 B 產品後得知每單位 B 產品必須達到$20 的貢獻）。

我們可以重複上述的分析。若現在只從 A 產品轉換一機器小時到 B 產品，該公司會減少四分之一單位的 A 產品，總貢獻將會降低$10（單位貢獻$40 乘以四分之一；假設公司可以零賣 A 產品）。由 A 產品轉換過來的一機器小時可以生產半單位的 B 產品，因此銷售半單位的 B 至少需獲得$10 的貢獻，如此的轉換才有價值。

我們的結論是一機器小時的「損益兩平」貢獻爲$10，即是產品 A 的單位貢獻除以四小時（生產 A 產品所需的機器小時）；我們將這損益兩平值稱爲稀少製造資源的機會成本。B 產品的損益兩平貢獻爲$20（機器小時的機會成本乘以兩小時，即生產 B 產品所需的時間）。

我們已經瞭解只有在 B 產品的單位貢獻超過$20 時，該公司才會生產 B 產品。假設 B 產品的單位變動成本是$6（稍後再討論直接固定成本），則只有在 B 產品每單位的售價超過$26 時，才應轉換生產 B 產品。

當然，公司可以收取更高的價格。要決定最適價格，決策者應該瞭解 B 產品的需求曲線，並使用前一節所描述的程序進行分析。假設價格爲$36 時，最適產量爲 600 單位，則 B 產品可實現的最大貢獻應爲$18,000（售價$36 減去$6 的單位變動成本在乘以 600 單位）。

製造 600 單位的 B 產品會花掉 1,200 個機器小時（600 單位乘以 2）。該公司可分配的機器小時爲 2,000 小時。該公司應該用剩下的 800 小時生產更多的 B 產品嗎？答案是否定的。600 單位是最適的產量。在此生產水準之下的貢獻是最大的。

若 A 產品的需求是無限的，那剩下的 800 小時應該用來生產 A 產品嗎？在 800 小時中，該公司可生產 200 單位的 A 產品（800 小時除以生產一單位 B 產品所需的 4 個機器小時），並獲得$8,000 的總貢獻（200 單位乘以 A 產品的單位貢獻$40）。很不幸地，A 產品的直接固定成本爲$15,000，而$8,000小於$15,000。結論是：該公司不應使用剩餘的 800 小時製造任何的 A 產品。

這項分析還未結束，我們還沒回答最基本的問題：該公司應該生產 B 產品嗎？這時 B 產品的固定成本便具有攸關性了。很清楚地，若 B 產品的固定成本超過其最大貢獻$18,000，則不應生產此產品。假設 B 產品的固定成本小於$18,000，該公司是否該生產 B 產品？這要視狀況而定。該公司由 A 產品共可獲得的貢獻爲$20,000，扣除其固定成本之後可獲得淨現金流入$5,000。因此，只有 B 產品能產生超過$5,000 的淨現金流入時，才有生產的價值，故 B 產品的固定成本必須小於$13,000（該產品以$36 銷售 600 單位後的總貢獻$18,000 減去 A 產品的淨現金流入$5,000）。

表 1.8 是一張工作底稿，上面顯示生產最適數量的 B 產品以及使用剩餘產能生產 A 產品的結果（假設 B 產品的固定成本爲$10,000）。

表 1.8

資源有限問題的工作底稿

	產品	
	A	B
單位價格	$50	$36
每單位變動成本	$10	$6
每單位貢獻	$40	$30
固定成本	$15,000	$!0,000
所需要的機器小時	4	2
生產數量	200	600
使用機器小時	800	1,200
對製造費用的貢獻	($7,000)	$8,000

兩種產品可用的機器小時	2,000
剩餘機器小時	0
總貢獻	$1,000

若使用不同的情境與假設來分析，將會獲得更多的經驗。比方說，何時該公司應單獨生產 A 產品？B 產品？或同時生產兩種產品？這些問題的答案會依據生產該產品每單位所使用的機器小時、總共可使用的機器小時、各產品的固定與變動成本、A 產品的銷售價格、使 B 產品貢獻最大化之價格以及 B 產品的數量而定。

競爭

競爭會如何影響公司對於價格與數量的選擇？一般而言，不論分析精確度的要求如何，這都是一個難以回答的問題。但是正式分析對公司的詳細檢視與提供各項行動的可行方向仍相當有幫助。

競爭決策的範圍通常很複雜。不同的競爭者會有不同的成本、產能以及市場強度；它們的產品可能不同；它們對於競爭對手可能都只有不甚完整的資訊；它們對消費者需求的評估也可能不同；此外，法律上的限制也可能使它們無法進行聯合壟斷。有趣的（也是令人懊惱的）是，「獨自行動」個案（每一個競爭者均獨自決定價格與數量，且一直以此模式做決策）的分析比「往復反應行動」的個案（當一家公司決定價格與數量之後，另一家公司會對該決策反應，第一家公司又會回應，第二家再度反回應，並持續下去）還要更複雜。往復反應行動模式非常特別，因爲它給予競爭者機會去反覆學習對方及瞭解對方資訊、成本與策略。同時它也允許競爭者彼此發出信號——聯手推動價格的漲跌、懲罰不合作的廠商以及合作獲利等。在獨自行動與往復反應行動的個案中，在決定價格與數量時，公司可能會經過一連串有關「我認爲-你認爲-我認爲-你認爲……」的分析形式。即使如此，最終結果有時也是無法預測的。

有時候我們需適度地設定目標。讓我們看看以下的例子。某「產業」中有兩個競爭者—A 公司與 B 公司，它們提供類似但不完全相同之產品（若產品完全相同，所有的需求都會湧向提供較低價的廠商。當然，它需有足夠的產能滿足需求）。這兩個競爭者有不同的變動成本；爲了簡化分析，我們假設這兩家公司都沒有固定成本。兩家公司都有相同的目標——使公司的貢獻最大化——並對對方的成本及產能有完整的資訊。

每家公司該如何對產品定價？其預期銷售的數量是多少？這些問題的答案由兩個重要因素所決定。第一個是產業動態。兩家公司是否都已經在此一產業打滾多時；或一家存在已久，另一家是新進入者？兩者均在同時間做決策；亦或是一家爲領導者，而另一家爲追隨者？這兩家公司只做一次決策；或是進行一連串反覆的決策？第二個因素是這兩家公司切割市場總需求的方式。

首先讓我們考慮第二個因素。這兩家公司提供具有些微差異性的產品。因此，即使這兩家公司的定價完全相同，他們不會均分市場也是非常合理的。的確！即使一家公司的定價高於競爭對手，仍可能會因爲產品的性能較佳及消費者的忠誠度，享有較大的市場佔有率。在一般的狀況下，市場總需求量、兩家公司的市場佔有率以及定價間存在什麼樣的關係？這是一個很難回答的問題，而且各個公司都耗費很多的資源（時間、金錢、人力等），希望瞭解消費者對於其價格與產品的差異性會如何反應。爲了討論的需要，我們假設一個價格差異會造成市場佔有率與總需求產生變化的模型，而且兩家公司都瞭解這個模型。

讓我們回到第一個因素：產業動態。我們設定 A 公司爲領導者，B 公司爲追隨者爲例開始討論。一旦這兩家公司選擇定價之後，若他們必須一直採用這項決策。每一家公司會如何設定其價格？

我們知道兩家公司都想將其貢獻最大化，我們也知道每一家公司都瞭解自己以及競爭對手的變動成本。最後，每一公司也知道市場總需求量，以及已知自己與競爭對手的價格，市場佔有率會如何分佈。在這種情況下，每一家公司可以建立報酬矩陣：在兩家公司定價之下的報酬表。表中的每一列代表 A 公司選擇的定價；每一行則代表 B 公司選擇的定價。在表中每一個小方格裡有兩個數字：一個代表 A 的貢獻，一個代表 B 的貢獻（A 公司與 B 公司定價所產生的結果）。

A 公司該怎麼做？它對自己說「B 公司不是笨蛋。不論我選擇了那一個價格，B 公司都會根據這個價格選擇一個使它貢獻最大的定價。因此，對於任何一個我可以選擇的價格來看（每一列），一定會落在對 B 公司貢獻較大的方格。如果我選擇一個定價，B 公司也會根據我的價格，選擇一個最大化其貢獻的定價。我應該如何定價呢？」A 公司基於兩個假設——B 公司已理性考慮 A 公司的價格策略；B 公司會選擇使 B 公司貢獻最大化的價格——來選擇使 A 公司貢獻最大化的價格。

以例子來說明會比較有幫助。假設 A 公司每單位變動成本爲$1，B 公司每單位的變動成本爲$2。這兩家公司只有定價$5或$6 的選擇，且市場總需求量並不因爲個別公司的定價而改變（現實世界中，整體產業降低定價，會刺激額外的消費者需求）。市場總需求量爲 1,000 單位。A 公司擁有較高級的產品，若 A 與 B 公司定價相同，則預期 A 公司的市場佔有率爲 60%；若 A 公司定價爲$5，B 公司定價爲$6，則 A 公司會擁有 100%的市場佔有率（亦即，A 公司可以預期 B 公司原有的市場佔有率全部移轉過來，然而這項移轉是由價格變化而來的，單位貢獻也因爲較低的定價而減少了）；若 A 公司定價爲$6，B 公司爲$5，則 A 公司的市場佔有率爲 20%。表 1.9 爲報酬矩陣。

表 1.9

A 公司與 B 公司的報酬矩陣

		B 公司的價格	
		$5	**$6**
A 公司的價格	**$5**	**$2,400** *$1,200*	**$4,000** *$0*
	$6	**$1,000** *$2,400*	**$3,000** *$1,600*

註：每一個方格左上角的粗體字是 A 公司的貢獻；右下角的斜體字是 B 公司的貢獻。

A 公司是價格領導者；B 公司爲價格追隨者。A 公司對自己說「若我的定價爲$5，我相信理性的 B 公司應該也會定價爲$5，因爲 B 公司在$5 時的貢獻會高於$6 的貢獻。在這種情況下，我所獲得的貢獻爲$2,400。另一方面，若我選擇$6，B 公司還是會選擇$5，因爲 B 公司在$5 的貢獻會高於$6 的貢獻。在這種情況下，我的貢獻將會只有$1,000，比$2,400 少了很多。因此我會選擇$5。」

追隨者 B 公司會如何呢？若 A 公司選擇$5，B 公司亦選擇$5 將使其產生最大貢獻。

因爲兩家公司選擇相同的定價，A 公司會取得 60%的市場佔有率，B 公司取得 40%。如此，A 公司的期望需求量爲 600，而 B 公司為 400。在我們的假設中，這兩家公司會永遠採用這項決策。如果我們允許 A 公司對 B 公司的行動採取不同的反應行動，即 A 公司在 B 公司價格訂為$5 時，選擇替代方案以最大化 A 公司的貢獻。在我們的例子中，A 公司選擇了最大化貢獻的價格剛好是$5，所以並不會改變其定價。在此我們有一個很有趣的情境：在跟隨者 B 公司反應之後，領導者 A 公司對其原本的定價也很滿意。因為 A 公司不想反制（counter-response），B 公司也不用反反制。換句話說，這原始價格即為「均衡」價格。

但事實上卻不全然是這種情況。在不同的價格、市場佔有率以及需求量的經濟關係中，對於 B 公司的反應，A 公司很可能選擇$5 以外的價錢來反制，B 公司也有可能選擇其他的價格作為「反反制」。這兩個參賽者在這段時間中像是玩了一場遊戲，而這場遊戲可能會也可能不會達到一個均衡點。

當然，如果上述情形確實發生的話，沒有必要真的去玩這場遊戲以達到均衡。在原先的領導者——追隨者模式中，A 公司基於兩個假設——B 公司已理性考慮 A 公司的價格策略；B 公司會選擇使 B 公司貢獻最大化的價格——來選擇使 A 公司貢獻最大化的價格。在此一模式中，B 公司完全是被動的。然而，B 公司可以事先考慮根據其定價策略，A 公司可能會採取的反制行動，且將 A 公司可能的反制行動納入決策的考量。如果 A 公司的反制行動不是依據 B 公司的反反制行動而定，情況會較佳；否則情況就會視 A 公司的「反——反反制」行動而定，造成往復反應行動的循環。

回到我們[A：$5，B：$5]的例子中，A 公司的貢獻為$2,400，B 公司的貢獻則為$1,200。這並不是令人滿意的結果：兩家公司都會比較喜歡[A：$6，B：$6]的方案。A 公司可得到$3,000 的貢獻，而 B 公司可得到$1,600 的貢獻。然而，問題是要達到這種價格是很困難的：若 A 公司選擇定價$6，B 公司選擇$5 對其較有利（貢獻爲$2,400），此時 A 公司未必滿意（其貢獻只有$1,000）。同樣的，若 B 公司選擇$6，則 A 公司選擇$5 對其較有利（其貢獻爲$4,000），此時 B 公司會不滿意（其貢獻降爲$0）。因此，這兩家公司是互相牽制的。兩家都比較喜歡[A：$6，B：$6]這組價格，較不喜歡[A：$5，B：$5]的價格，但是要如何達成呢？要達到上項結果，兩家必須相互合作並彼此信任。否則，除非另一家公司有足夠的能力以懲罰背叛者做爲威脅，任一方都有背叛此協定的誘因。

在個體經濟學的理論中，這種情況通常被稱爲「囚徒困境」。在這項遊戲的情境中有兩個囚犯。囚犯 A 與囚犯 B 都是嫌疑犯。這兩個囚犯分別被囚禁在不同的房舍中，且分別被警長偵訊。警長先偵訊囚犯 A 並要他認罪，且威脅 A 如果 B 認罪而 A 不認罪，A 將會受到嚴厲的刑罰。接著該警長又至囚犯 B 處要她認罪，同時亦威脅她如果 A 認罪而 B 不認罪，則 B 會受到嚴厲的刑罰。若兩個囚犯都認罪，則判決將不會那麼嚴厲。可是若最後兩個人都不認罪，這兩個人都不會受到任何的刑罰。將這個情境表現在報酬矩陣中，就與表 1.9 有著同樣的結構。兩個囚犯都會認罪嗎？雖然兩個人都不認罪的結果對兩個人都比較好，但一般而言，兩者都會認罪。

並非所有的報酬矩陣都會有「囚徒困境」的情形。不同經濟規則與市場佔有率的組合會產生不同結構的矩陣，同時對兩個參與者會有不同的誘因。

在前述的例子，市場總需求量是固定的。如果我們不以貢獻卻以市場佔有率來衡量報酬，我們會發現A公司的獲利是建立在B公司的損失之上：A公司市場佔有率的增加是B公司市場佔有率的減少。同樣的，B公司市場佔有率的增加也伴隨著A公司市場佔有率的減少。因此，市場佔有率的遊戲是一場零合遊戲。另一方面，貢獻的遊戲則是非零合遊戲：藉著較高的定價，兩家公司可透過合作而獲利。在這種情況下，是誰遭受損失？你已經知道了：我們這些消費者將承擔最後的損失。

Beauregard 紡織公司

1990 年 9 月，Beauregard 紡織公司的業務經理 Joel Calloway 與主計長 Clarence Beal, Jr.爲了準備第 4 季紡織品價格建議書而會面。紡織品的價格在獲得董事會的同意之後，會公佈並郵寄給顧客。這些價格是一整季固定不變的。Beauregard 是紡織業中最大廠商之一，每年銷貨收入約有 8200 萬美元。公司的業務人員銷售所有產品線的紡織品，他們的薪資是固定的。

此時，Calloway 和 Beal 特別關切如何對 Triaxx-30 定價(尼龍聚丙烯以及嫘縈的混合物，戶外用途的特殊材質）。1990 年 1 月，Beauregard 爲了提高 Triaxx-30 的邊際利潤與其它產品相同，將 Triaxx-30 的價格由一碼$3 調高爲$4。這項行動部分反映最近成本的上升，同時也因應董事會的指示：希望管理階層強化公司營運資金的部位，以確保最近通過的長期廠房現代化與擴張計畫有充足的資金來源。（Triaxx-30 只能用特殊機器生產，該機器並無法移作他用。）

Calhoun & Pritchard 公司是 Triaxx-30 唯一的替代供應商，它將 Triaxx-30 的價格維持在$3（Calhoun & Pritchard 會等 Beauregard 先公佈其紡織品價格之後再寄出自己的價格表），結果 Beauregard 損失了市場佔有率。從附錄 5 所示的銷售歷史資料得知，Triaxx-30 的市場總需求量在過去 3 年仍十分穩定，每季約 225,000 碼。這些資料也顯示有些顧客對價格波動相當敏感，當某一家廠商的價格調高時，很快地便轉向另一家較低價的供應商。Calloway 根據其與該公司業務人員的溝通意見，他相信一些顧客若無法以$3 獲得 Triaxx-30，將會停止或減少採用 Triaxx-30，則市場總體需求量會減少 20%。

以下引述 Calloway 與 Beal 對 Triaxx-30 價格決策的討論——

Calloway：如果我們將價格降至$3，那麼 Calhoun & Pritchard 亦可能跟著降價，這會使我們的情況更糟。

Beal：我想他們不可能降至$3 以下。一方面他們在過去並沒有如此做過；另一方面他們的成本也和我們差不多[14]。而且我聽說由於 Calhoun & Pritchard 最近在防止經營權被奪，他們的財務狀況很吃緊。但我不能瞭解的是爲什麼我們提高價格至$4 時，他們不跟著漲價。Calhoun & Pritchard 若將價格訂爲$3，他們會持續虧損。這真是不合理！

Calloway：嗯！很精闢的見解，但那是他們的問題。我們的問題是如果兩家公司繼續維持目前的價格，訂單數將會令人沮喪地持續下降。我的業務人員希望能將價格降回$3，以重新找回我們原有的客戶。因爲我們佔了地利之便，這些客戶在同樣的價格時會再回來。況且由$4 降爲$3，並不影響我們其它產品的銷售。

Beal：這可能比目前的情況要好，而且銷售士氣也會比較好。但是我們如何在低於成本的情況下，訂出一個合理的價格？

[14] 見附錄 6 中 Triaxx-30 成本表。

Calloway：要在$3 或$4 之間選擇似乎比我想像中更加困難。究竟要選擇何種定價比較適當呢？

附錄 5

每季的價格與銷售量

Triaxx-30 的數量，1988-1990

		Beauregard		Calhoun & Pritchard	
年	數量	價格	銷售量	價格	銷售量（估計）
1988	1	$3	124,870	$3	100,000
1988	2	3	126,016	3	100,000
1988	3	3	125,426	3	100,000
1988	4	3	198,863	4	25,000
1989	1	3	127,201	3	100,000
1989	2	3	125,277	3	100,000
1989	3	3	126,124	3	100,000
1989	4	3	125,302	3	100,000
1990	1	4	74,860	3	150,000
1990	2	4	77,216	3	150,000
1990	3	4	75,000	3	150,000
1990	4				

附錄 6

在不同產量下，Beauregard 針對 Triaxx-30 估計的每碼成本

	生產量（碼數）							
	25,000	50,000	75,000	100,000	125,000	150,000	175,000	200,000
直接人工	0.860	0.830	0.800	0.780	0.760	0.740	0.760	0.800
原料	0.400	0.400	0.400	0.400	0.400	0.400	0.400	0.400
廢料	0.042	0.040	0.040	0.040	0.038	0.038	0.038	0.040
部門費用								
直接*	0.198	0.140	0.120	0.112	0.100	0.100	0.100	0.100
間接**	2.400	1.200	0.800	0.600	0.480	0.400	0.343	0.300
一般製造費用***	0.258	0.249	0.240	0.234	0.228	0.222	0.228	0.240
生產成本	4.158	2.859	2.400	2.166	2.006	1.900	1.869	1.880
銷管費用****	2.703	1.858	1.560	1.408	1.304	1.235	1.215	1.222
總成本	6.861	4.717	3.960	3.574	3.310	3.135	3.084	3.102

*間接人工、辦公用品、零件、電力等

**折舊、監督等

***直接人工的 30%

****生產成本的 65%

Catawba 工業公司

Catawba 工業公司壓縮機製造處總經理 Marge McPhee 很快地從一堆郵件中找出她等待已久的報告。這份報告是她在美國西岸參加的一場工業機械貿易展所蒐集的資料。其中有關輕型壓縮機的銷售預測及成本表，將幫助她決定是否要引入該產品、製造多少數量以及用多少價格出售。

座落在北卡羅萊納州夏洛特市西部的Catawba工業公司是一個自動工業噴漆設備（用來粉刷農業機械、金屬傢俱與機械等製成品）的主要供應商。壓縮機製造處生產標準壓縮機供公司的噴漆設備及其它目的之用。Merge McPhee 有喬治亞理工學院機械工程碩士學位，且因爲她卓越的技術與管理能力，一步步晉升至她目前的職位。該公司雇用將近 1,200 名員工，且銷售額超過 2 億美元。

表 1.10 顯示行銷部門對新產品的銷售預測看來是樂觀的。數字顯示價格的上限在$7,500~$8,000，而最大需求約爲每週 30 個。較輕巧的輕型壓縮機對於特定機械設備來說是很具吸引力的，而且它也比標準壓縮機耐用。此外，使用標準壓縮機的顧客也需要另一組備用品。

由工程部門計算出來新產品的成本（見附錄 7）比 Marge 原先預估的要高，這一點讓她比較擔心。因爲壓縮機製造處已經沒有多餘的產能，因此新產品必須產生比原有標準產品更高的收益，才有汰換原產品的理由。

表 1.10

輕型壓縮機銷售預測

價格*	每週需求量
$5,500	31
$6,000	30
$6,500	28
$7,000	14
$7,500	17
$8,000	10

*壓縮機的價格為每 5 百美元一個價格區間。

標準壓縮機

壓縮機工廠以兩班制每週營運 6 天，每天可製造 4 部標準壓縮機（工會的規定限制 Catawba 採用三班制，然而這段時間可以用作例行性的保養或特殊的維修）。每週所生產 24 部壓縮機，其中 10 部是作爲公司出售的自動噴漆設備之零組件；剩下的 14 部則透過行銷通路尋找需要的顧客，並在公開市場出售。每一週 50 位直接人工的平均工資爲每小時$20。星期六的工資爲平時的一倍半，星期天則爲兩倍。工廠在星期天休息，因爲較高的人工成本會造成營運損失。附錄 8 爲標準壓縮機的成本。

輕型壓縮機

因為設計的關係，新型壓縮機可以在 Catawba 新型的數值控制（NC）機器上製造，而不需使用製造標準壓縮機的舊機器。生產每一單位僅需 62.5 直接人工小時，標準壓縮機卻需要 100 直接人工小時。人工以及原料成本所節省的部分，剛好與使用較昂貴 NC 機器所產生的折舊費用沖銷。公司也為生產新壓縮機而在機械中心增添特定的機器裝備，以配合新壓縮機的製造程序。這些已安裝的額外硬體與起重機花費$417,000。預期另外需要的夾治具、感應器以及軟體會再增加$218,000 的成本。這兩項費用在計算因生產新壓縮機所發生的折舊費用時，都已列入考慮。

當 Marge 準備開始分析這些數字時，她發現與標準壓縮機相較，雖然新壓縮機的成本較高，但同時也產生較高的利潤。在這個發現的支撐下，她開始計算新壓縮機的價格與數量應該是多少，才能產生最好的財務獲利率。因為改變採購訂單、生產排程、價格明細表有實際上的困難，Catawba 有一項政策限制製造與行銷計畫一年內的修改不得超過兩次。這些修改通常發生在 5 月與 11 月。允許一些例外是有可能的，但是大部份的經理都不好意思提出這項要求。

附錄 7

輕型壓縮機每單位的估計成本

備忘錄

To： Marge McPhee, 壓縮機製造處總經理
From： Larry Salin, 產品工程師
主旨： 輕型壓縮機每單位的估計成本
日期： 1990 年 11 月 27 日

	每單位成本（估計）
直接人工	$1,250（工資）
原料	$1,463
其他直接費用	$137（電力、物料搬運處理成本等）
折舊	$1,406
其他製造費用	$152 （保險、保全、暖氣等）
銷貨成本	$4,408
銷售費用	$!,102（銷貨成本的 25%）
行政管理費用	$441（銷貨成本的 10%）
每單位總成本	$5,951

附錄 8

標準壓縮機損益表

	週一至週五	週六	週日
價格	$10,000	$10,000	$10,000
直接人工	$2,000	$3,000	$4,000
原物料	3,244	3,244	3,244
其他直接費用	156	156	156
折舊	497	497	497
其他製造費用	177	177	177
銷貨成本	6,074	7,074	8,074
銷售費用	1,519	1,769	2,019
行政管理費用	607	707	807
每單位總成本	$8,200	$9,550	$10,900
每單位利潤	$1,800	$450	（$900）
銷售報酬率	18%	4.5%	

壓縮機製造處利潤（每週）

	單位／日	日數	利潤／日	總利潤
週一至週五	4	5	$1,800	$36,000
週六	4	1	$450	$1,800
週日	0	1	（$900）	$0
製造處每週利潤				$37,800

美國航空公司：營收管理

美國航空公司是位在達拉斯之 AMR 集團的主要子公司——美國航空公司在 1988 年的營收爲 85.5 億美元，營業毛利 8 億 1 百萬美元，是美國最大的航空公司。該公司在 1988 年末共有 468 架飛機，每天有 2,200 航次飛往美國、百慕達、加拿大、墨西哥、加勒比海、法國、英國、日本、波多黎各、西班牙、瑞士、委內瑞拉以及德國等 151 個航點。美國航空公司 1988 年的營運成果與相關統計數字如附錄 9 所示。

背景：航空業的開放與競爭

在 1978 年以前，美國的民用航空由民航局（CAB）所管制，商業航空產業是一個寡占市場。航線或是機票費用的調整都需要經過 CAB 的核准。因爲核准的過程費時甚久，航線、機票費用以及市場結構都相當穩定，規畫的時程與反應時間也相當長。1978 年的航空開放法案給予航空公司在開辦或關閉航線與調整機票費用上完全的自由，這所造成的改變是相當大的。

成本控制

當低成本的進入者選擇特定航線，以侵略性的價格獲取市場佔有率時，激烈的價格競爭便在此產業中出現，這對利潤產生負面的影響。成本控制比起過去更成爲競爭策略中的重要因素。

基於此考量，人工成本的減少以及生產力的提升成爲關注的焦點。在 1983 年，美國航空公司首先採用兩層（two-tier）工資結構以減少人工成本。新的產業結構對原有員工的雇用只有輕微的影響，但是新進雇用人員的薪資卻大幅減少。爲了提高生產力，美國航空與保養以及運輸工人、空服員、飛機駕駛、工程師及其他員工協商有關聯邦航空管理委員會（FAA）規定的工作規範。FAA 是負責旅客及飛航安全的聯邦管理機構。

燃料及保養成本是另外兩個主要的營業費用。這些成本是根據燃料價格、燃料使用率、FAA 對飛機使用及保養的規定、業者對飛機的使用與保養政策以及航運量而定。航空公司對於燃料價格幾乎沒有控制力，且在 1970 年代能源危機時爲油價上漲所苦。同時以現有的機隊而言，航空公司對燃料使用率的控制能力也很低。然而，隨著時間流逝，他們必須以燃油效率較佳的新飛機取代燃油效率較差的舊飛機。新飛機有電子與導航設備的幫助，所需要的機組員較少，污染與噪音也較小，在運作上比較便宜。新飛機在保養上也比較便宜——勞工工作規範以及 FAA 有關飛機使用與保養之規定是很重要的考量。

航線結構

因爲其它的理由航空公司也需要新飛機。美國國內航線得以自由的開辦與關閉，使航線結構在競爭策略上扮演重要角色。航線結構最大進展是中央轉運系統(hub-and-spoke system)的出現。中央轉運系統是一種以主要中心航點(hub)爲基礎，並以輻射狀開航各航線到各地區市場的複雜網路。航空公司發現在未開放前的機隊並不適合這個新系統，它們需要較多短程的飛機而非長程的飛機。此外，對於不同航線所需要的載客容量亦不相同。

中央轉運系統所需要的不僅僅是改變機隊的組成型態，更困難的是要設計航線結構本身。航空公司必須將預估的乘客流量、機隊、保養排程與需求、員工的配置與工作規範以及營運的經濟狀態相配合。選擇中心航點是一項科學也是一種藝術。這個技巧主要在發展與有效管理「複合體」(complex)，搭配飛機抵達與啓航的時間表，以提供旅客最方便的轉機與最短的延誤。對於一家大型航空公司而言，不論在策略層面或是例行營運層面上，這都是很重要的工作。(單就達拉斯這個中心航點而言，美國航空公司就管理了12個複合體，包括每天382航次飛往95個城市，藉由41個登機門出入境，並使用超過1百萬平方呎的航站空間。)

規畫一個中心航點的營運與發展，航空公司不僅必須模擬與最適化航站設施，同時也要注意機場的通道與跑道使用率。一旦一個中央轉運系統開始運作，航空公司必須對特殊狀況與緊急情況作反應。一場在中心航點的暴風雨可能造成整個系統大亂，使得乘客流量與飛機班次無法平衡。在這種情況下，航空公司擔心的並不是貢獻最大化，而是必須想辦法達到初步的解決問題——及時回復被打亂的時間表，使系統能再度運作。

中央轉運系統的出現對產業結構有很大影響。航空公司為了在不同航線的佔有率上競爭，必須有不同機型，因而產生許多購併動作或是與地區性小公司達成正式或非正式的協定。這些合作情況是產業的新經濟情勢所造成的，也就是說許多旅客在旅行時，希望而且願意支付能由起點至終點都搭乘同一家航空公司班機的要求。

在 1988 年底，美國航空公司開始經營一個美國最複雜的航線系統，它的中心航點分別設在達拉斯、芝加哥、納許維爾、雷利/德恩、聖荷西以及聖胡安（波多黎各）。該航空公司亦因在班機時刻表上與美國老鷹航空合作而獲利。（美國老鷹航空每天有 1288 航次由小城市飛往美國航空公司的中心航點與主要城市；它們的營運協調是經由 AMR Eagle——AMR 集團的通勤航空子公司。）

行銷[15]

在行銷方面，開放後的競爭圍繞在營收管理、售票通路、經常性乘客的服務計畫以及乘客服務等方面。

15 營收管理將在下節「美國航空公司的營收管理」詳細討論。

營收管理

1978 年的航空開放法案給予航空公司隨意願改變票價的自由。航空公司充分運用這項自由：1987 年，在航空業每天有將近 200,000 筆的票價改變，而美國航空公司票價的平均壽命是兩星期[16]。「目前要使營收最大化的技巧便是盡可能的提供多種票價的機票，並巧妙的使它們流通出去。[17]」

爲達到上述目標，航空公司需要（1）乘客旅遊習慣與偏好的資料；（2）能處理上一項資料並做出票價與座位相關決策的分析工具；（3）能蒐集資料、管理票價情況，並控制座位存量的電腦化訂位系統（CRS）。美國航空公司在各方面都有相對的優勢。該公司被視爲在應用分析工具以管理票價與座位的領導者。同時，它的母公司 AMR 集團擁有半自動企業研究環境（SABRE，Semi-Automated Business Research Environment），是處理 CRS 旅遊資訊的領導工具，其約處理全美所有航線的 35%訂位量，同時也處理相當大比率的汽車與旅館訂位。

售票通路

AMR 的 SABRE 系統使美國航空公司在售票通路上有很搶眼的表現。除了提供各旅遊代理商 CRS 服務外，AMR 管理了自己的 5 個地區訂位中心。在這裡的電話預先訂位可幫助乘客

[16] 1987 年 3 月 4 日 Schmitt, Eric 發表於 *The New York Times*,「The Art of Devising Air Fares」，

[17] 1987 年 2 月 7 日 The Economist，「American Airlines: A Shock to their systems」。

訂位，也節省美國航空公司給予旅遊代理商的佣金。一項鎖定個人電腦使用者的新產品 EAASR SABRE，提供企業以及個人預訂自己飛機、汽車以及旅館的服務。同時也提供利用第三者的資訊網路來使用 SABRE。

經常性乘客的服務計畫

航線開放後對於經常性乘客的促銷計畫陸續出現。航空公司藉由提供經常性乘客免費搭乘或機艙升級的服務，取得品牌的忠誠度，並鎖定這些乘客。美國航空公司的「AAdvantage」是第一個出現在美國的計畫。

乘客服務

有許多因素影響乘客服務的品質，其中最重要的因素有：（1）在最方便的時間提供直飛或單一飛機由起點至終點服務的能力；（2）準時；（3）飛行的體驗（座位狀況、飛行中的服務、餐點、娛樂以及行李託運狀況等）。有較好服務形象的航空公司可以收取較高的票價，並可預期顧客會有較高忠誠度。美國航空公司在服務方面提供相當好的品質。

美國航空公司的營收管理

美國航空公司營收管理的目標是以適當的價格將適當的座位賣給適當的顧客，以最大化其載客營收。這項目標可以分爲兩個部份來努力：價格與產出管理。

定價觀念

定價——票價結構（票價等級與艙等）與限制條款（預售情況、取消訂位之罰款、週六晚上過夜要求等等）——是依據許多因素而定。其中最重要的因素便是航空公司的成本結構與定價哲學、競爭者的行爲及乘客的旅遊偏好。航空公司知道乘客對價格與限制條款的敏感度是不同的，但是 1978 年以前的法規並不允許航空公司做市場的區隔。1978 年的航空開放法案給予航空公司這個機會。最大的改變可能是折扣價格（設計用來吸引價格敏感度高的乘客之價格）成爲一種普遍的現象。美國航空估計在 1978 年之前。幾乎半數以上的航空旅遊是全額付費的，而 1988 年有超過 90%的國內乘客使用折扣價格，而且平均折扣在 60%以上。

設計票價結構時的技巧是不要給予價格敏感度相對較低的乘客（亦即商務乘客）折扣價格。航空公司運用一些限制條款，例如：預售、最少停留天數要求、取消訂位罰金等，來最小化對營收的稀釋。這些限制條款是設計來使折扣價格對某些人較不具吸引力，例如商務乘客；但對於一般乘客的影響力是微乎其微的。然而，在相對淡季以及競爭激烈的航線，航空公司亦提供無限制條款的折扣價格，而這些是藉由承載人數控制（例如，一架飛機上有 30 個位子是以無限制條款的折扣票價賣出的）。

置換效應、佔有率改變以及促銷活動，是另外三個影響定價決策的重要因素。置換效應是中央轉運系統所造成的後果，例如：若有過多的乘客由波士頓經由達拉斯飛往拉斯維加斯，其中某些乘客便可能置換掉原先打算由波士頓到達拉斯，或由達拉斯到拉斯維加斯的全費乘客。置換效應並非全然是負面的，例如：有時候美國航空公司就比較喜歡賣一張奧斯汀－達拉斯的折扣票給一位會繼續飛到紐約的乘客，而取代一位以達拉斯爲終點的全費乘客；若是奧斯汀－達拉斯的航班滿載，達拉斯－紐約的航班未滿載，且奧斯汀－紐約的折扣票價仍高於奧斯汀－達拉斯的全額票價，則這是正確的策略。佔有率的改變是一家航空公司改變定價後，市場佔有率相對於其它競爭者的變化結果。促銷活動是藉由提供較低價的機票，對那些若沒有低價機票便不搭乘飛機的人產生刺激需求的效果。

芝加哥－太平洋岸航線的定價決策

1987年12月，美國航空公司對其芝加哥－太平洋岸航線做了一個定價決策。當時國內航線定價策略組經理 Kevin Short 描述該決策的內容：

> 我們提供由芝加哥到太平洋岸10個城市的航線：長堤、洛杉磯、安大略、橘郡、波特蘭、沙加緬度、聖地牙哥、舊金山、聖荷西以及西雅圖。我們主要的競爭對手是聯合航空公司及大陸航空公司，然而只有聯合航空提供了具競爭性的直飛航線。大陸航空與聯合航空都藉由它們設在丹佛的中心航點來連接各航線——這是一種較不繞路的航線組合方式。因此比我們藉由達拉斯的中心航點轉機更為方便。
>
> 在直飛航線市場中，美國航空與聯合航空在票價、班機時刻以及服務品質等基礎上競爭。例如：在1987年7至11

月，兩家航空公司在芝加哥—舊金山航線[18]，都提供了$525的全額機票以及$177 的有限制條款折扣票價。雖然在基本上，這兩家航空公司會互相緊盯住對方的票價，但聯合航空在班機時刻上採取了創新的行動：從 1987 年 11 月開始，聯合航空提供每小時由芝加哥—洛杉磯以及芝加哥—舊金山的班機。

在轉機市場中，美國、聯合與大陸航空（以及其它小型競爭者）也在票價及班機時刻上競爭。美國與聯合航空的票價還是互相緊盯，然而大陸航空則在公司經過重整以及低成本結構的狀況下，提供最低廉的票價。例如：在 1987 年 7 至 11 月的芝加哥—舊金山航線，大陸航空經濟艙的全額票價為$310，無限制條款的折扣票價為$159。美國與聯合航空在轉機航線的票價則相差不多。

因為聯合航空在班機時刻上佔有優勢，而大陸航空則提供了較低廉的票價，這些均使美國航空的承載率降到令人難以接受的地步。我們必須做一些改革，首先在芝加哥－太平洋岸的直飛航線中，我們將提供無限制條款的折扣價。尤其是我們必須決定是否緊盯住大陸航空$159 的票價。

附錄 10 顯示 1987 年 7 至 10 月芝加哥－太平洋岸航線，美國航空公司乘客總數、市場佔有率以及承載率的資料，同時也提供美國航空公司對其它競爭者市場佔有率的估計。

[18] 這條航線也有提供其它的票價，但只有上述兩種票價值得在此討論。

紐約－波多黎各聖胡安的定價決策

1988年9月，美國航空公司對其在加勒比海市場的主要競爭者東方航空的價格行爲做出回應。西半球國際航線定價策略組經理 Doug Santoni 描述該決策內容：

若以營收乘客哩程（revenue passenger miles）來計算，紐約－聖胡安路線是美國航空公司的黃金航線。我們每天有 9 班次的直飛航線往來聖胡安及紐約的甘迺迪國際機場（JFK）機場或紐華克國際機場（Newark）。主要競爭者為東方航空與環球航空，這兩家亦提供直飛班次。

這個航線的乘客可以均等的區隔為三類。第一類是由商務乘客所構成，而商務旅遊的乘客數一整年都很穩定；第二類是由休閒旅遊的乘客所構成，休閒旅遊的乘客數在夏季達到尖峰；第三類以拜訪朋友或親戚的乘客所構成，他們多半與加勒比海有血緣關係，這些乘客通常因為一時興起而出發，沒有確切的回程計畫，且比較常使用單程無限制條款的機票，而非有限制條款的來回折扣票。

雖然這個航線的乘客主要是「當地人」（乘客居住在紐約或聖胡安），仍有一些乘客是經由紐約轉機前往聖胡安（如洛杉磯、德國法蘭克福等），也有一些乘客會在聖胡安轉機繼續他們的行程（至巴貝多、巴拿馬、委內瑞拉卡拉卡斯等地）。在聖胡安中心航點的班次時刻表必須考量到轉機流量的需求。

傳統上的淡季在秋季與晚春，淡季時折扣手段亦比較常見。東方航空定期提供相當大的折扣，以刺激淡季時的消費。在過去，東方航空提供單程$79 的低價，且幾乎沒有限制條款。

然而，在 1988 年這麼大的折扣已經不常見。即使有折扣，通常也會伴隨著預先購票、週末晚上過夜要求以及無法退票等限制條款。1988 年 9 月東方航空推出了具有限制條款平時$198、週末$238 的來回票。這個票價適用期至 1988 年 12 月 14 日止。美國航空公司必須決定該如何回應東方航空的這項活動。

附錄 11 列出 1988 年 9 月紐約－聖胡安航線主要的幾種票價。

產出管理的觀念

當票價與限制條款決定之後，產出管理的工作便是控制每一種票價等級的座位數量。

我們可以由下面的例子瞭解產出管理的經濟取捨。假設一架飛機有 100 個乘客座位，並有兩種票價：全額價$499、折扣價$99。航空公司必須決定如何將 100 個座位分類。因爲只有兩種票價，若將座位分爲兩類以上是沒有用處的。假設較高等級的座位稱爲 B0，較低等級的座位稱爲 B1，這兩類座位可能會有重疊（nested）的狀況：B1 包含於 B0；亦即折扣票價的乘客只能訂 B1 的座位，而全額票價的乘客可以訂 B0（並包括 B1）的座位。假設 B1 有 75 個座位，則航空公司最多只能接受 75 個折扣票價的訂位，並保留 25 個座位給全額票價的乘客。對於全額票價乘客而言，所有座位都可以訂——B0 爲 100。

乘客座位對於每一班次而言，都是無法保存的商品；一旦班機起飛，所有未售出的座位將永遠喪失其價值。假設航空公司最後只賣掉 22 個全額票價座位，則它將喪失多賣 3 個折扣座位的機會（當然這種情況只在折扣座位的需求超過 75 個才會發生）。從另一角度而言，若全額票價座位的需求為 28 個，而其它 75 個座位卻已經以折扣價賣出，則航空公司將損失增加營收的機會。因此，產出管理的挑戰便是如何在空位成本（喪失的折扣票營收）與放棄全額票價乘客的成本（全額票價與折扣票價間的差異）之間，做一個最適合的取捨。

執行上的挑戰

下面的因素使產出管理的工作更為複雜：（1）對任一飛機班次而言，全額票價與折扣票價的座位需求是不確定的（上週一早上 8：05 由甘迺迪國際機場起飛的班機有 34 位商務乘客，但本週一早上 8：05 的班機卻可能有 27、39 或其他數目的商務乘客）；（2）需求會隨時間而改變（某些班次某些客艙的座位在數週前便已訂位額滿，有些則在起飛前還有空位）；（3）有些需求是起伏不定的（尤其是折扣價的訂位，通常是由團體預訂的），例如旅行團為主的班次；（4）乘客對於票價及限制條款的偏好不同（因此需要很多等級的座位分類）；（5）中央轉運系統對同一等級的某些乘客可能比其他乘客更具吸引力（一個法蘭克福－紐約－聖胡安－巴拿馬使用折扣票乘客的貢獻可能比紐約－聖胡安的全額票價乘客貢獻更高）；（6）有些已經訂位的乘客並未搭上飛機（航空公司已經學會如何協調「乘客未出現」與「超賣座位」的情形）。

美國航空公司的產出管理

美國航空公司每一段航程的產出管理由四項活動所組成（1）對每一類客艙座位的等級做出票價索引；（2）決定每一等級的原始授權標準；（3）調整授權標準以反應預測及實際需求的差異；（4）因應市場特殊因素，如傳統節慶、城市慶典及特殊事件等調整授權標準。

票價索引是將各種不同的票價分別配置到各類客艙。從航空公司的觀點來看，因爲各乘客的最初起點與最終目的地可能不同，且最初起點與最終目的地之間並非一段航程即可抵達，尚須經過轉機數次，因此對某一段航程付出相同票價的乘客（預售票、量販票、旅行團票等）爲航空公司所產生的總體價值並不相同。透過索引的方式，美國航空試圖將總體價值類似的乘客歸類到同一類客艙。這項歸類表現在虛擬淨利（virtual nesting）表中，顯示每一類客艙的票價範圍：從最低類票價（如B4）的範圍，至最高類等級（B0）的範圍均包括在內。索引並不是完美無缺的：因爲航空公司比較在意加總乘客所有航程（O & D）的整體營收，而非只是某一段航程的乘客貢獻率；可是索引並不以乘客的所有航程做整體考量，而是就每一段航程分別來考量。理論上，以乘客所有整體航程的觀點考量，機艙分類愈多愈好，但航空公司爲減少計算的複雜性，最多只分爲 8 類。

一旦票價分類至各等級之後，美國航空公司對每一等級機艙設立原始授權標準以最大化預期營收。授權標準限制不同等級各種分類可保留的座位數量；同時，授權標準先預留較高等級的座位數目。授權標準的決定是依序進行的：首先，航空公司決定最有價值客戶的保留標準（B0 授權標準減掉 B1 授權標準）；其次，再決定價值次佳顧客的保留標準（B1 減去 B2），並依序計算下去。授權標準的計算是以機率性需求預測爲基礎；換言之，就是以類似航次的歷史資料爲基礎，再加入趨勢與季節的變化所計算出來。附錄 12 顯示在 1988 年 9 月東方航空公佈特殊折價方案前（見附錄 11），紐約－聖胡安航線經濟艙的授權標準。

有鑑於乘客取消訂位與未報到登機的情形無法避免，美國航空公司在授權標準中，允許一定範圍的超賣座位。這項範圍的訂定是根據取消訂位與未報到登機的情形所做的預測，並衡量因空位帶來之「損壞」成本與因超賣座位導致已報到乘客未能順利登機之商譽損失而訂定。

每一航班的原始授權標準在班機起飛前 330 天訂定。隨著起飛日期愈近，航空公司根據所接到的訂位及退票率而調整授權標準。這些資料的調整是在起飛前 97、83、69、62、55、48、41、34、27、20、13、6、3、2、1 天，依照乘客的實際需求而調整。這些即時資訊與需求趨勢，和過去類似航班的取消訂位與未報到情形，會做爲機率性需求預測以及座位存量控制的資訊。

美國航空公司常會利用電腦化系統進行自動編入索引與分攤最適標準（產出管理）的作業[19]。對於以遊憩活動爲主的班次則有例外的規定，通常這些班次的座位會更早開始接受訂位，且多爲團體訂位，這使得這些班次的需求預測變得更加困

[19] 所使用的系統稱為 DINAMO，於 1988 年 5 月開始使用。系統軟體初期有個毛病：太早結束折扣票的販賣。當航空公司發覺乘載率低於預期或低於競爭者時，他們發現這個問題，票價營收的損失約為 5 千萬美元。

難。同時，美國航空也會為一些「重要航班」訂定特別的標準。當市場有特殊因素或不規則的情境出現，美國航空也會成立「戰術分析小組」，並調整授權標準（例如：在目的地城市可能有一個大型集會或特殊慶典，而自動授權系統無法自行調整或預測時）。當有不正常的競爭活動時，人為調整也是必須的。

美國航空公司的營收管理組織

附錄 13 為美國航空的營收管理組織圖。營收管理包括了 5 個部門：國內航線定價、國際航線定價、產出管理作業、定價與產出管理系統發展、以及乘客資料處理。前四項功能的主要責任如下：

國內航線定價：

由定價策略（策略性主導定價與被動反應定價）、定價作業（戰術層面、隨時反應競爭者的動態或市場特殊因素）以及定價執行（將價格輸入產業資料庫 SABRE 或其他電腦化訂位系統 CRS）構成。

國際航線定價：

在 1984 至 1988 五年中，美國航空公司的國際航線成長率將近 70%——由 8%的總營收乘客里程提高為 14%。隨著國際航線市場越來越開放、1992 年歐洲市場開放、亞太地區的重要性提升、電腦化訂位系統 CRS 網路的加速使用，美國航空公司預期在國際事業將有大幅成長。

產出管理作業：

產出管理作業部門區分爲三組。其中一組是由負責規劃美國航空公司重要航班產出管理的專家所組成的作業支援組；另外兩組是戰術層面分析組（一個負責遊憩航線，另一個負責非遊憩、非主要航線）所組成的。作業支援組控制在機場的產出管理作業，並且要隨時因應嚴寒的天氣、班機時刻表改變等突發狀況。它必須答覆旅行社的詢問電話，回應美國航空公司訂位中心與銷售辦事處因特殊狀況調整座位授權標準的要求；同時，它必須每天監控超賣座位或有空位的班次。

定價與產出管理系統發展：

定價與產出管理系統發展部門負責決策支援與產品展示（提升美國航空公司的產品在非 SABRE 通路展示系統的知名度）的研究與應用發展，部門區分爲兩組。決策支援組爲國內航線定價、國際航線定價、產出管理作業的介面，並主導分析最佳化工具、建構模型、自動化決策支援系統的研究計畫。系統發展組則負責實際的應用系統發展——資料庫與數學模式的程式與執行。定價與產出管理系統發展部門主管 Phil Haan 說明了美國航空公司在營收管理決策支援系統的發展計畫時間表：

在 1986 年我們引進票價索引與虛擬淨利的觀念。兩年後，我們使保留訂位與超賣座位的標準自動化。現在我們必須研發自動化的反應定價決策系統——使我們能對競爭者的價格行動自動做出反應。未來的計畫是針對我們的核心市場，建構以價格、服務與競爭環境為基礎的需求模型，以及發展策略性主導而非被動反應的定價系統。同時，我們必須由營收為基礎的產出管理轉變為貢獻為基礎的營收管理—

—亦即以乘客所有加總航程而非某一段航程為基準。我們也須努力整合定價與產出管理的決策支援系統以及班機時刻表。此外，我們要加強內部與外部資料庫的合理化與整合性，透過圖形介面與視窗技術的工作站，使終端使用者在使用 SABRE 時感到方便。

附錄 9

1988 年營運成果與相關統計數字

營運成果（百萬美元）	
營收	
乘客	$7,555
其它	$996
總營業收入	$8,551
費用	
工資、薪水、紅利	$2,821
飛機油料	$1,094
其它	$3,835
總營業費用	$7,750
營運利得	$801

營運相關統計數字	
營收乘客哩程（百萬）	64,770
可提供的乘客哩程（百萬）	102,045
乘客（百萬）	64.1
乘載率*	63.5%
損益兩平乘載率	56.0%
每一乘客哩程所產生的營收	$0.1166
每一乘客哩程所產生的費用	$0.0759

*營收乘客哩程／可提供的乘客哩程

資料來源：AMR 公司 1988 年度報告

芝加哥－太平洋岸航線：旅客總數、市場佔有率以及乘載率
（1987 年 7 月~10 月）

	7月	8月	9月	10月
市場佔有率				
美國航空	26.0%	25.0%	26.1%	26.4%
聯合航空	39.4%	38.8%	41.9%	44.2%
大陸航空	12.8%	12.4%	11.3%	11.2%
其它	21.8%	23.8%	20.7%	18.2%
O & D 旅客總數				
美國航空				
全額票價	6,764	7,349	7,095	7,684
總計	77,018	78,981	57,261	59,724
乘載率				
美國航空				
全額票價	71.3%	71.4%	54.6%	55.2%
總計	79.2%	79.0%	63.5%	62.4%

乘載率=營收乘客哩程／可提供的乘客哩程

資料：

市場佔有率：美國航空公司的 SABRE 訂位系統，可訂該公司及其它航空公司的座位。

O & D 旅客總數：搭乘美國航空公司且使用折價券的乘客，其選擇芝加哥為起點，而太平洋岸的任一城市為終點；或以芝加哥為終點，其它太平洋岸城市為起點者。

附錄 11

1988 年 9 月紐約－聖胡安航線的優惠價格

票價形式	等級	運費分類 平時	週末	單程／來回票	限制
全額票價價	Y	$277	$277	單程	無
無限制條款折扣價	K	$194	$205	單程	無
週末票價	V	$230	$260	來回	7 天前購買且不可退回
東方航空「特價」*	M	$198	$238	來回	7 天前購買且不可退回

*東方航空公司 1988 年 9 月份起適用

附錄 12

1988 年 9 月以前紐約－聖胡安航線的授權標準*

票價索引的等級			起飛前日數					
本地乘客	長途乘客	等級	60	30	14	7	3	1
	Y	B0	110	110	110	110	105	105
Y	K	B1	95	95	95	95	95	95
K		B2	85	86	88	88	88	90
	V	B3	70	72	74	75	75	77
V		B4	60	62	64	65	68	68

*授權標準是以飛機乘載量的百分比表示。

定價與產出管理組織

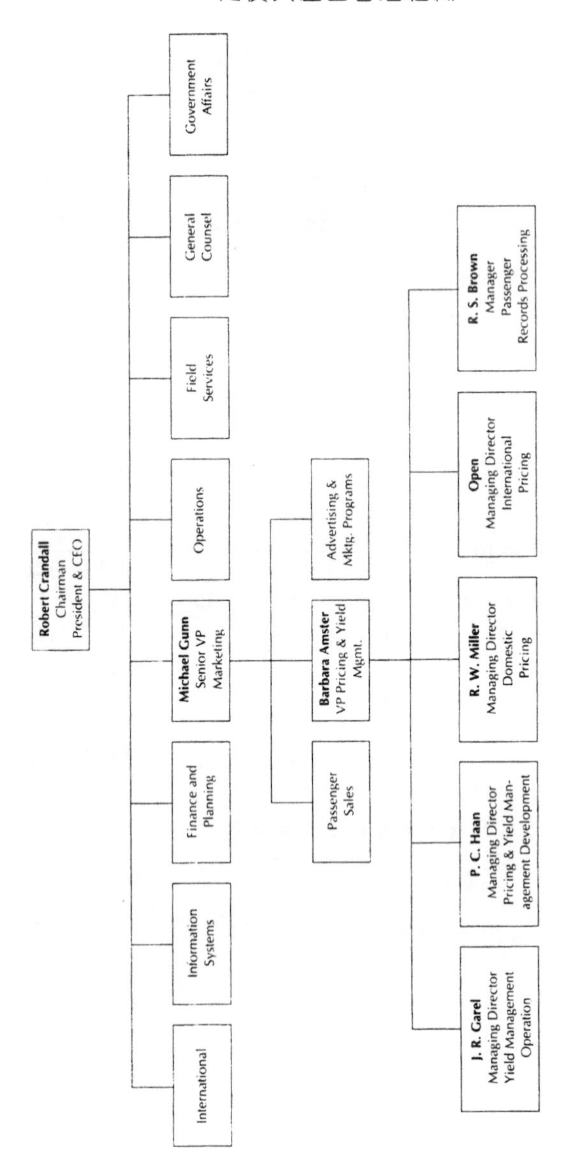

Robert Crandall
Chairman
President & CEO
International
Information Systems
Finance and Planning
Michael Gunn
Senior VP
Marketing
Operations
Field Services
General Counsel
Government Affairs
Passenger Sales
Barbara Amster
VP Pricing & Yield Mgmt.
Advertising & Mktg. Programs
J. R. Garel
Managing Director
Yield Management Operation
P. C. Haan
Managing Director
Pricing & Yield Management Development
R. W. Miller
Managing Director
Domestic Pricing
Open
Managing Director
International Pricing
R. S. Brown
Manager
Passenger Records Processing

第2章

稀有資源的訂價

Janet Foster 最近要從麻州多契斯特搬家到舊金山。上週她已雇用兩卡車將行李搬至新家。她計畫今天要租用一台小拖車將其它行李搬至舊金山。

不巧的是，當 Janet 開始將物品放置在拖車上時，她發現搬運工作並不像她所想的那樣順利。那台只有 100 立方英呎容量的小拖車，實在無法容納剩下的 10 項物品。

表 2.1 列出這 10 項物品的體積及價值，它們都是 Janet 認為既值錢又具有紀念意義的東西。

表 2.1

Janet 的物品：它們的價值和體積

項目	價值（美元）	體積（立方英呎）
床墊	75	10
衣櫃	900	25
咖啡桌	140	8
水晶飾品	550	18
電視機	420	12
草坪椅	305	24
搖椅	210	15
書籍	260	3
個人檔案	560	9
家庭照	225	3
總計	3,645	127

Janet 並無其它方法搬運這些物品，因此她必須決定要帶那些物品去舊金山，那些物品留在多契斯特，同時她要帶走的物品必須越值錢越好。

分配方法

爲了放置更多的物品，最先想到的方法是先放置體積最小的物品。表 2.2 顯示根據體積來放置的結果。前 8 項物品，用掉 78 立方英呎的空間，共值$2,440。加入第 9 項物品草坪椅，將使得總體積達到 102 立方英呎，而超過 100 立方英呎的容量。

表 2.2

首先裝載體積最小的物品

項目	價值（美金）	體積（立方英呎）	累積價值	累積體積	
書籍	260	3	260	3	帶走的物品
家庭照	225	3	485	6	
咖啡桌	140	8	625	14	
個人檔案	560	9	1,185	23	
床墊	75	10	1,260	33	
電視機	420	12	1,680	45	
搖椅	210	15	1,890	60	
水晶飾品	550	18	2,440	78	
草坪椅	305	24	2,745	102	留下的物品
衣櫃	900	25	3,645	127	
拖車剩餘空間			22		

體積是否爲決定放置那一個物品的最佳準則？22 立方英

呎的空間將被閒置，而且 Janet 也被迫放棄最有價值的物品——衣櫃。

另一個想法是先放置最有價值的物品，這個動機是希望在拖車裝滿以前盡可能放入貴重的物品。不以體積而以價值作爲放置標準，其結果如表 2.3 所示。

表 2.3

首先裝載貴重物品

項目	價值（美金）	體積（立方英呎）	累積價值	累積體積	
家庭照	225	3	225	3	帶走的物品
書籍	260	3	485	6	
草坪椅	305	24	790	30	
電視機	420	12	1,210	42	
水晶飾品	550	18	1,760	60	
個人檔案	560	9	2,320	69	
衣櫃	900	25	3,220	94	
床墊	75	10	3,295	104	留下的物品
咖啡桌	140	8	3,435	112	
搖椅	210	15	3,645	127	
拖車剩餘空間			6		

使用這個方法，Janet 只能放入 7 項物品。然而，這 7 項物品的總價值（$3,220）遠超過先前依體積放置 8 項物品的總價值$2,440。而且剩下的空間也只有 6 立方英呎，而不是先前的 22 立方英呎。

價值是否爲最佳的選擇準則？雖然總價值顯然比以體積做爲唯一考量好很多，卻不能說這方法完美無缺。比方說搖椅加上咖啡桌的總值（最後剩下的兩項）就超過草坪椅的價值，但是總體積卻比草坪椅小。顯然可以確定 Janet 願意以這兩項物品替換草坪椅，以增加搬運的總價值與剩下的空間。然而，純粹以價值為基礎來挑選物品仍未達到更好的搬運組合。她應該以更有效率的方式來決定應該搬運什麼。

有兩股力量牽動這項決策：Janet 希望使搬運物品的價值最大以及該拖車有限的置物空間。為了在有限體積內將價值最大化或在有限價值中使用最少的體積，或許她應該根據價值和體積的比例來評估每項物品。根據最大價值／體積比為準則來放置物品的話，她將先選擇在每立方英呎空間內提供最大價值的物品。這些物品的價值、體積以及價值／體積比都呈現在表 2.4 中，由最高比例排至最低比例。

表 2.4

物品價值／體積比的順序排列

項目	價值（美金）	體積（立方英呎）	價值／體積比	累積價值	累積體積	
書籍	260	3	86.67	260	3	帶走的物品
家庭照	225	3	75.00	485	6	帶走的物品
個人檔案	560	9	62.22	1,045	15	帶走的物品
衣櫃	900	25	36.00	1,945	40	帶走的物品
電視機	420	12	35.00	2,365	52	帶走的物品
水晶飾品	550	18	30.56	2,915	70	帶走的物品
咖啡桌	140	8	17.50	3,055	78	帶走的物品
搖椅	210	15	14.00	3,265	93	帶走的物品
草坪椅	305	24	12.71	3,570	117	留下的物品
床墊	75	10	7.50	3,645	127	留下的物品
拖車剩餘空間				7		

相對地這項決策容易多了。Janet 應該帶走前 8 項物品，

總共用掉 93 立方英呎且總價值達$3,265——比前述兩種方法都要好。所以體積或是價值都不是唯一的決定因素。

透過用最大價值／體積比來選擇物品的方法，Janet 選擇最大價值／體積比的物品來裝載拖車。同樣地，當一個消費者要從兩個東西中挑選一樣時，她也會希望她所付出的每一塊錢能夠得到提供較大價值的東西。對一個想要有數次消費行為的消費者來說，她有限的資源即是她擁有的貨幣總數。Janet 的有限資源即是拖車的空間。或許她應該為拖車空間訂定貨幣價值，這就是資源定價的觀念——一種模擬競爭性資本市場而且確保資源分配正確的方法。

資源定價實例

讓我們以一種全新的觀點來看 Janet 的兩難。她擁有許多有價值的物品彼此競爭有限的拖車空間。她決定為拖車空間收取費用，因此若物品價值超過使用拖車空間的成本，那些物品將優先被放入。

她應該收多少的費用呢？假設她一開始每立方英呎計價$20（想像這些物品是由別人擁有且他衡量價值的方法與 Janet 相同，同時這人願意付費請 Janet 為其運送。另外也假設 Janet 的決策動機不僅想要賺取大量利潤，而且也希望所運送的物品總價值越大為準則）。這個人擁有電視機，因此他必須支付：

物品的體積 × 每立方英呎的價格＝12 立方英呎× $20（每立方英呎）＝$240

因為該電視機價值為$420，因此擁有者必然願意付錢運送它。反過來說，擁有搖椅的人必須給付：

15 立方英呎×$20（每立方英呎）＝$300

但搖椅只是價值$210 的物品，所以搖椅是不會被運送的。只有物品價值超過其搬運成本的東西才會被運送。設定每立方英呎$20 的運送價格，則擁有者是否運送其物品的決策如表 2.5。

表 2.5

以淨值排列：資源價格＝每立方英呎$20

項目	價值（美金）	體積（立方英呎）	運送價格	淨值	累積體積	累積價值	
衣櫃	900	25	500	400	25	900	帶走的物品
個人檔案	560	9	180	380	34	1,460	
書籍	260	3	60	200	37	1,720	
水晶飾品	550	18	360	190	55	2,270	
電視機	420	12	240	180	67	2,690	
家庭照	225	3	60	165	70	2,915	
咖啡桌	140	8	160	（20）	78	3,055	留下的物品
搖椅	210	15	300	（90）	93	3,265	
床墊	75	10	200	（125）	103	3,340	
草坪椅	305	24	480	（175）	127	3,645	
拖車剩餘空間				30			

被挑選物品的淨值是正值（也就是說，其價值超過運送成本）所以被挑選，但仍有 30 立方英呎空間未能使用。所以顯示$20 的價格太高了，以至於無法適當分配拖車空間。因此 Janet 必須降低價格以充分利用更多有限資源。

表 2.6 列出每立方英尺$10 價格的修正決策。

表 2.6

以淨值排列：資源價格＝每立方英呎$10

項目	價值（美金）	體積（立方英呎）	運送價格	淨值	累積體積	累積價值	
衣櫃	900	25	250	650	25	900	帶走的物品
個人檔案	560	9	90	470	34	1,460	
水晶飾品	550	18	180	370	52	2,010	
書籍	260	3	30	230	55	2,270	
電視機	420	12	120	300	67	2,690	
家庭照	225	3	30	195	70	2,915	
草坪椅	305	24	240	65	94	3,220	
咖啡桌	140	8	80	60	102	3,360	
搖椅	210	15	150	60	117	3,570	
床墊	75	10	100	（25）	127	3,645	留下的物品

這個價格太低了，因為淨值為正的物品其總體積為 117 立方英呎，超過 100 立方英呎的容量。

透過介於$20 與$10 之間的反覆試誤，我們終於找出最適定價為每立方英呎$13，它所需要的體積最接近而且不會超過拖車容量 100 立方英呎，決策結果列在表 2.7。

表 2.7

以淨值排列：資源價格＝每立方英呎$13

項目	價值（美金）	體積（立方英呎）	運送價格	淨值	累積體積	累積價值	
衣櫃	900	25	325	575	25	900	帶走的物品
個人檔案	560	9	117	443	34	1,460	
水晶飾品	550	18	234	316	52	2,010	
電視機	420	12	156	364	64	2,430	
書籍	260	3	39	221	67	2,690	
家庭照	225	3	39	186	70	2,915	
咖啡桌	140	8	104	36	78	3,055	
搖椅	210	15	195	15	93	3,265	
草坪椅	305	24	312	（7）	117	3,570	留下的物品
床墊	75	10	130	（55）	127	3,645	
拖車剩餘空間					7		

我們知道這個價格可以正確分配資源的數量，因爲沒有其它物品可以再放入拖車了。我們知道這方法分配資源給正確的物品，因爲這些物品的價值超過運送成本。而且，這個稀少資源正確的分配可得到最大的總運送價值——$3,265。

當我們在使用比例法（表 2.4）時，也跟稀少資源定價法得到相同的決策。事實上，在這個實例中，這兩種方法是相同的。使用資源定價法，我們比較運送物品的價值以及成本（拖車空間的總成本）。假如它的價值超過成本，該物品就會被運送。我們也比較物品每立方英呎的價值以及拖車空間每立方英呎的成本。若每單位價值超過每單位成本，該物品就會被運送。事實上，這個「每立方英呎的價值」就是我們在比例法中使用的「比例」。我們使用比例法挑選最大價值／體積比的物品，直到拖車空間無法再容納其他物品。我們利用資源定價法挑選每立方英呎的價格，在不超過容量的前提下盡可能裝滿拖車。藉由這種方式，我們也是以最大價值／體積比挑選須運送的物品。

資源定價法和比例法所產生的決策是相同的，這可由圖 2.1 看出。假如在沒有資源限制情況下，所運送物品的價值和體積可視爲資源價格的函數。當資源價格是 0 時，每一樣物品都會被運送。因此，物品的總價值爲$3,645，總體積爲 127 立方英呎。但不幸的是，體積超過容量上限 100 立方英呎，所以運送物品總價值$3,645 是達不到的。當我們將資源價格攀升至$7.5，體積 10 立方英呎但是價值只有$75 的床墊先被放棄，其價值／體積比爲 7.5。總價值因此降低$75 而成爲$3,570；總體積減少 10，而成爲 117 立方英呎，但仍然超過容量上限。當我們繼續提高資源價格，直到到達$12.708，剛好是草坪椅的每立方英呎價值（305／24）。只要去除它們，總價值降低$305，成爲$3,265；總體積減少 24，成爲 93 立方英呎。此時即滿足了容量限制並達到物品運送的最佳組合。圖上由三角形指示標示出扣除床墊及草坪椅後的稀有資源最佳運送價格範圍（$12.708 至$14），其最高價值$3,265 且滿足容量的限制。之後，若資源價格再提高，必須放棄額外的物品，而運送總價值亦再跌落。

圖 2.1

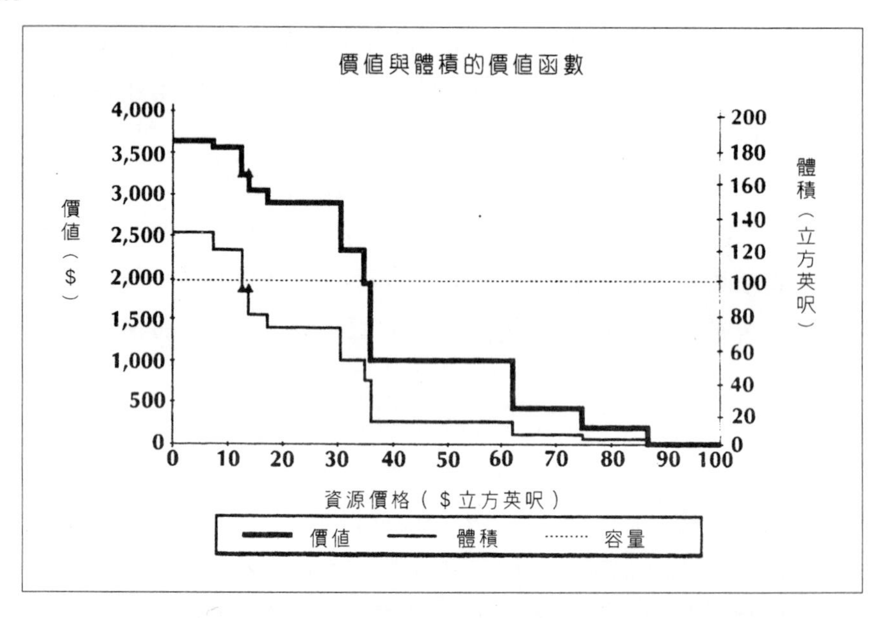

在解決 Janet 的困難中，比例法以及資源定價法都提供最佳物品組合。然而，若是有比卡車體積更多的限制條件時應該如何？特別是當 Janet 拖車的限制不僅是體積而且還包括載重量時應該怎樣？

兩個限制條件的狀況

在 Janet 已經決定在拖車 100 立方英呎容量的限制下要運送那些物品到加州之後，她又得知這台拖車運送時不能搬運超過 1,000 磅的重量。她很快地測量了選定的那 8 項物品的重量，但她絕望的發現總重量為 1,080 磅。Janet 感到非常憤怒，爲什麼沒有人提早告訴她有關重量的限制？現在她必須重新作一個分析以決定該搬運那些東西。

表 2.8 列出所有 10 項物品的重量。但是怎樣的組合才能夠同時滿足 100 立方英呎以及 1,000 磅的限制，而又提供 Janet 最大的價值呢？

表 2.8

Janet's 所有物品：它們的價值、體積與重量

項目	價值（美金）	體積（立方英呎）	重量（磅）
床墊	75	10	30
衣櫃	900	25	350
咖啡桌	140	8	60
水晶飾品	550	18	155
電視機	420	12	80
草坪椅	305	24	250
搖椅	210	15	40
書籍	260	3	160
個人檔案	560	9	175
家庭照	225	3	60
總計	3,645	127	1,360

讓我們利用資源定價法來解決 Janet 的問題。現在 Janet 有兩種資源——拖車的空間以及載重量——限制了要運送到舊金山的物品體積及重量。我們現在指定兩種資源的貨幣價值。換句話說，特定物品的擁有者必須同時支付該物品所佔空間以及重量的價格。一開始先試試看每立方英呎$10 以及每磅 $2，因此咖啡桌應該索價：

體積×每立方英呎價格＋重量×每磅價格

＝8×$10＋60×$2

＝$200

咖啡桌的價值只有$140，所以這個桌子不會被運送。如同在單一資源限制下，只要物品價值超過運送成本就會被運送。表 2.9 依照物品淨值排序，假設資源價格為每立方英呎$10 以及每磅$2。

表 2.9

以淨值排列：資源價格＝每立方英呎$10，每磅$2

項目	價值（美金）	體積（立方英呎）	重量（磅）	運送價格	淨值	累積體積	累積重量	累積價值	
電視機	420	12	80	280	140	12	80	420	帶走的東西
個人檔案	560	9	175	440	120	21	255	980	
家庭照	225	3	60	150	75	24	315	1,205	
水晶飾品	550	18	155	490	60	42	470	1,755	
搖椅	210	15	40	230	(20)	57	510	1,965	留下的東西
衣櫃	900	25	350	950	(50)	82	860	2,865	
咖啡桌	140	8	60	200	(60)	90	920	3,005	
床墊	75	10	30	160	(85)	100	950	3,080	
書籍	260	3	160	350	(90)	103	1,110	3,340	
草坪椅	305	24	250	740	(435)	127	1,360	3,645	
拖車剩餘空間						58			
拖車剩餘載重量							530		

這樣的價格太高了，因為有 58 立方英呎空間以及 530 磅載重量未被使用。Janet 必須降低價格使閒置的有限資源可以被利用。

表 2.10 依照淨值排序，假設每立方英呎$5 以及每磅$1。

表 2.10

以淨值排列：資源價格＝每立方英呎$5，每磅$1

項目	價值（美金）	體積（立方英呎）	重量（磅）	運送價格	淨值	累積體積	累積重量	累積價值	
衣櫃	900	25	350	475	425	25	350	900	帶走的東西
個人檔案	560	9	175	220	340	34	525	1,460	
水晶飾品	550	18	155	245	305	52	680	2,010	
電視機	420	12	80	140	280	64	760	2,430	
家庭照	225	3	60	75	150	67	820	2,655	
搖椅	210	15	40	115	95	82	860	2,865	
書籍	260	3	160	175	85	85	1,020	3,125	
咖啡桌	140	8	60	100	40	93	1,080	3,265	
床墊	75	10	30	80	（5）	103	1,110	3,340	留下的東西
草坪椅	305	24	250	370	（65）	127	1,360	3,645	
拖車剩餘空間						7			
拖車剩餘載重量							（80）		

我們必須提高每磅的價格，因爲依照每立方英呎$5 及每磅 $1 的價格所運送的總重量超過拖車載重 1,000 磅的限制。表 2.11 列出維持每立方英呎$5 及每磅價格提高至$1.60 的結果。

表 2.11

以淨值排列：資源價格＝每立方英呎$5，每磅$1.60

項目	價值（美金）	體積（立方英呎）	重量（磅）	運送價格	淨值	累積體積	累積重量	累積價值	
個人檔案	560	9	175	325	235	9	175	560	帶走的東西
電視機	420	12	80	188	232	21	255	980	
衣櫃	900	25	350	685	215	46	605	1,880	
水晶飾品	550	18	155	338	212	64	760	2,430	
家庭照	225	3	60	111	114	67	820	2,655	
搖椅	210	15	40	139	71	82	860	2,865	
咖啡桌	140	8	60	136	4	90	920	3,005	
書籍	260	3	160	271	(11)	93	1,080	3,265	留下的東西
床墊	75	10	30	98	(23)	103	1,110	3,340	
草坪椅	305	24	250	520	(215)	127	1,360	3,645	
拖車剩餘空間						10			
拖車剩餘載重量							80		

看來我們已經很接近最佳選擇了。然而，這兩種資源都還有一點可以運用。所以我們試著降低每立方英呎的價格到$2，維持每磅價格不變，結果如表 2.12 所示。

表 2.12

以淨值排列：資源價格＝每立方英呎$2，每磅$1.60

項目	價值（美金）	體積（立方英呎）	重量（磅）	運送價格	淨值	累積體積	累積重量	累積價值	
衣櫃	900	25	350	610	290	25	350	900	帶走的東西
電視機	420	12	80	152	268	37	430	1.320	
水晶飾品	550	18	155	284	266	55	585	1.870	
個人檔案	560	9	175	298	262	64	760	2.430	
家庭照	225	3	60	102	123	67	820	2.655	
搖椅	210	15	40	94	116	82	860	2.865	
咖啡桌	140	8	60	112	28	90	920	3.005	
床墊	75	10	30	68	7	100	950	3.080	
書籍	260	3	160	262	（2）	103	1,110	3.340	留下的東西
草坪椅	305	24	250	448	（143）	127	1,360	3.645	
拖車剩餘空間						0			
拖車剩餘載重量							50		

這個價格相當不錯，利用拖車所有的空間，而且只剩餘 50 磅載重量。而且，如果我們再降低每磅價格去平衡未使用的空間及載重量，我們發現不是重量超過限制就是失去總運送價值，所以我們無法再降價。進一步的實驗證明這價格是最佳決策。

是否比例法在兩種限制的狀況中仍可以解決問題？爲了使用比例法，我們不僅須考慮價值／體積比，而且須考慮價值／重量比。我們必須考量每一項物品兩種比例的總和，理由是有最大總比例的物品會提供最大的價值。

表 2.13 依照價值／體積比及價值／重量比的總和列出各項物品。

表 2.13

價值／體積比+價值／重量比排列順序

項目	價值（美金）	體積（立方英呎）	重量（磅）	價值／體積比	價值／重量比	總計	累積體積	累積重量	累積價值	
書籍	260	3	160	86.67	1.63	88.29	3	160	260	帶走的東西
家庭照	225	3	60	75.00	3.75	78.75	6	220	485	
個人檔案	560	9	175	62.22	3.20	65.42	15	395	1,045	
電視機	420	12	80	35.00	5.25	40.25	27	475	1,465	
衣櫃	900	25	350	36.00	2.57	38.57	52	825	2,365	
水晶飾品	550	18	155	30.56	3.55	34.11	70	980	2,915	
咖啡桌	140	8	60	17.50	2.33	19.83	78	1,040	3,055	留下的東西
搖椅	210	15	40	14.00	5.25	19.25	93	1,080	3,265	
草坪椅	305	24	250	12.71	1.22	13.93	117	1,330	3,570	
床墊	75	10	30	7.50	2.50	10.00	127	1,360	3,645	
拖車剩餘空間							30			
拖車剩餘載重量								20		

根據這個方法，Janet 應該裝載書籍、家庭照、個人檔案、電視機、衣櫃、水晶飾品，總共使用 70 立方英呎以及 980 磅，總價值是$2,915。然而，我們知道（由資源定價法的答案得知）她可以將書籍換成搖椅、咖啡桌以及床墊使得價值提高到$3,080。所以依照價值／體積比以及價值／重量比的總和來決定運送這些物品並不是最佳方式。

不幸地，資源定價法並沒有那麼簡單。舉例來說，即使在一種資源受限制的狀況下，根據體積收取費用可能導致卡車留下一個可以放入更小物品的空間。假設 Janet 有一個咖啡杯，她認爲價值$1 且體積爲 0.1 立方英呎，因此在資源價格爲每立方英呎$13 時，其淨值便成爲$1－0.1*13＝－$0.30，我們的規則便會認爲該咖啡杯一定要捨棄。但是 Janet 還有 7 立方英呎的可利用空間，所以她把咖啡杯捨棄並不會比運走咖啡杯更好。

如果一開始的價格組合就是走向完全錯誤的方向，漸進式的價格實驗可能導致其遠離最佳解決方式。雖然資源定價法有許多問題，然而它仍是一個相當有效率的技術。

SELLAR 商店

Oliver Sellar 在麻州布萊頓街角有一家商店，販賣報紙、不易腐壞的雜貨以及樂透彩券。只有少數顧客會一次購買大量的物品，而且將近一半的人只買一種東西，例如報紙、香菸或汽水。最近 Oliver 在店內靠近櫃檯的地方放置三列式陳列架。他計畫利用新的陳列架推廣時興的產品，例如兩公升裝的飲料、爆米花、洋芋片以及烤肉用瓦斯罐。

在新陳列架安裝好的兩個月內，Oliver 試驗了各種商品組合以及擺放位置。他發現放在最上層的物品最吸引顧客注意，最下層的則最不受重視。他也認爲不可以在陳列架上擺放超過三種商品，因爲超過的話會降低商品對人的影響力，且會導致頻繁的重新補貨問題。

藉由 Oliver 的猜測與有限的實驗數據，他認爲一產品每週的淨貢獻會是陳列架上位置的函數，其貢獻值如附錄 1 所示。

因爲他想更進一步的試驗，所以他覺得現在正該決定何種產品該擺放在什麼位置。

	陳列架架位每週淨貢獻*		
產品	最上層	中間層	最下層
A	79	46	45
B	76	62	43
C	73	47	42
D	69	52	32
E	66	53	30
F	56	38	24
G	51	35	20
H	47	32	15
I	43	35	28
J	42	39	19
K	36	28	22
L	35	20	14

*Oliver 估計，如果將產品 A 放在最上層，每週將多賺$79；但如果將它放在最下層，卻只能多賺$45。

PPM 系統公司資源定價

「這真是勒索啊！」PPM 系統公司 BioScan 生產線的生物醫學測試儀器經理 Jerry Miller 氣憤地說著。「一個那樣糟糕的感應器他們怎麼能收取 5000 美元的附加製造費用？我知道感應器製造部門生產一個感應器的直接成本只有 800 美元，這是 625%的暴利呀！」

最近從公司稽核長 Stacey Sorenson 口中傳出，在即將到來的 1991 會計年度中，BioScan 與 GeoScan 製造部門將爲每一個裝置在成品中的感應器額外付出 5000 美元的費用，另外還需爲每一片訊號處理晶片額外付出 4000 美元的費用。這使得一個感應器模組的成本高達 5800 美元，而訊號處理晶片則爲 4600 美元。因爲晶片不是自己公司製造的，對 Miller 來說 4000 美元的晶片製造費用似乎更像是勒索，但是一個 BioScan 成品使用四個感應器模組，所以他比較注意感應器模組的費用。

Miller 決定做一些數量分析。假如根據這個新的內部計價方式，怎樣的產量與售價會使部門的利潤最大化。從行銷的觀點，他必須估計基於各種不同的售價，BioScan 的銷售量會是多少單位。經過數分鐘的試算表作業，Miller 的結論是應該生產 1100 單位的 BioScan，售價爲每個 35500 美元。這個產量比去年稍低，雖然他想多生產一點，但是他拿不到更多的感應器。因爲 BioScan 的市場正在擴張，所以縮減產量似乎是一件很奇怪的事。

產量小幅的減少並沒有帶給 Miller 太大的困擾，但是新的製造費用分攤方式會嚴重侵蝕毛利才是他所關切的焦點。若產量照剛剛計算出來的計畫執行，Miller 算出 BioScan 將為 PPM 系統公司帶來超過 3100 萬美元的銷售貢獻，但是其中只有不到 500 萬美元會出現在他的帳上。其他超過 2200 萬美元的部份都歸於感應器製造部門。

Miller 說：「很明顯地，我不介意付出感應器的直接成本。而且我也不介意像以前一般分攤感應器部門的製造成本，但這新的分攤計價方式實在是太荒謬了！我們應該回到過去『成本加成』的內部計價方式。」

PPM 系統公司：BioScan 與 GeoScan 生產線

PPM 系統公司在 1983 年由三位加州理工學院畢業生所創立，主要生產科學及醫藥實驗室的測試儀器。PPM 這個縮寫字來自於三個創辦人的名字，且因與化學特性測量單位「百萬分之一」同義而顯得特別突出。PPM 打算切入一個相當安全的利基市場。在這個產業有其它競爭者生產儀器的速度更快、效能更精確、價格更便宜、測量物質的功能更廣泛，但是沒有一個競爭者的產品能同時在價格及效能都具有優勢競爭力。

1990 年，PPM 生產兩種產品：BioScan225 與 GeoScan200。應用最尖端科技的 BioSCan225 生產線，數年來一直是 PPM 的主要獲利單位；然而，主要應用於地質以及污染防治的 GeoScan200 生產線則是剛建立不久，只運作了兩年的時間。

這兩種產品在整體設計上相當類似：都有一個標準的電源供應器、一個環繞底盤的組件、一個或多個感應器模組與電路板。電路板上有標準的微電腦零件和特殊的訊號處理晶片。Bioscan225 包含四個感應器模組以及一個訊號處理晶片；Geoscan200 則只需要一個感應器模組，但需要兩個訊號處理晶片（見附錄 2）。

現在，有兩個主要因素限制 PPM 的產量水準：感應器的產能及訊號處理晶片的來源。感應器必須在特殊的「無塵室」裡使用稀有金屬以及具有專利的製程生產。每年的產能最近提昇至 5100，但那是現有設備下的上限值。PPM 現在正進行一項研究，希望可以創造一個產能更高的感應器製程，而且擴充其生產設備，但是成果並不是短期就可以看到的。

訊號處理晶片則是一個較特殊的組件，因爲唯一的供應商是一家日本廠商。這家廠商是以配額的方式來供應晶片。雖然每個晶片要價 600 美元並非不合理，但 PPM 每年頂多只能得到 3200 片。PPM 的電子部門已經盡可能朝有最有效利用訊號處理晶片的方向設計，但是研發的成功與否無法確定。

製造成本、成本分配與公司組織

雖然 PPM 營運的獲利能力相當好，公司仍須監控成本以應付研發計畫與軟體開發大量的投資，並持續支援保有競爭力所需的研究。該公司一開始即建立相當標準的利潤中心與製造費用分攤制度。BioScan 製造部門根據銷貨收入分攤一定比例的感應器製造費用，以支援研發計畫與軟體開發（見附錄 3）。

當 GeoScan 製造部門成立以後，也以相同的模式分攤感應器製造費用。兩部門都以「成本加成」的內部計價方式付費給感應器製造部門；也就是說，它們除了分攤所使用感應器的直接成本，再加上一定比例的金額以補貼感應器製造部門的製造費用、資金回收及利潤。在頭幾年這個制度運作相當良好，當時感應器的產能與訊號處理晶片的供應都能充分滿足 PPM 的需求。

在 1989 及 1990 會計年度，這個制度開始瓦解。PPM 的產品變得越來越受歡迎，因此需求急速攀升（見附錄 4 與附錄 5 對 1991 年預估的需求與貢獻曲線）。BioScan 與 GeoScan 生產線的產品經理 Jerry Miller 與 Phil Isaacs 都有權力調整產品售價。然而，因爲感應器與訊號處理晶片的供給受到限制，Miller 與 Isaacs 便開始爲這些資源發生衝突。高階管理者最後被迫分配感應器的產量與訊號處理晶片的數量，這使得 BioScan 這個 PPM 成功且高獲利的產品能維持 GeoScan 兩倍的產量。

當價格上漲，BioScan 以及 GeoScan 部門的收益也明顯增加。感應器製造部門努力提昇產量 10%到達現階段的 5100 個單位，並且與研發單位合作發明新的感應器製程。然而，由於「成本加成」的內部計價方式，感應器製造部門的利潤只微微地增加。感應器製造部門經理 Joseph Scapesi 問道：「爲什麼我們要犧牲自己的利潤，而讓最終產品製造部門得到巨額利潤？感應器製造技術是 PPM 成功的關鍵，所以我們應該分享應得的利潤。」

資源定價

高階管理者進行好幾天的會議，試圖找到一個解決紛爭的方法。1990 年 1 月，稽核長 Stacey Sorenson 宣佈：PPM 將放棄「成本加成」的內部計價方式，改變爲資源價格或附加費用的方式。Sorenson 說：「我們現在有兩個成熟的產品在爭奪稀有的資源，所以取得那些資源的代價必須確實反應資源真正的價值。」她認爲除了直接成本之外，每個感應器需附加 5000 美元的費用，這將在感應器製造部門的收入帳上出現；而每個訊號處理晶片則需附加 4000 美元。她很驕傲地指出：「如果 BioScan 及 GeoScan 在新制度下仍能維持獲利水準，它們應該支持我們所提出的方案，不需要爲了那些資源爭吵不休。」她補充說她會定期修正附加費用，以確保 PPM 有一個適當的誘因去維持合理的生產計畫。她說：「這些附加費用很有可能一開始就相當不正確，但如果運作不是那麼順利的話，我一定會調整它們。」

感覺上這個動作的結果是將 Miller 與 Isaacs 對彼此的敵意轉移到 Sorenson 身上。資源價格與感應器以及訊號處理晶片的直接成本一點關係也沒有。特別是 Miller 受制於在每單位 BioScan 成品上 2 萬美元的感應器附加費，這大大削減了 BioScan 的毛利。Miller 希望有其它的感應器供貨來源，但現在他主張略微修改「成本加成」的內部計價方式。另一方面，Isaacs 質疑公司要訊號處理晶片分攤製造費用的合理性，畢竟訊號處理晶片是外面供應商所提供的。他質疑：「如果他們要外部採購零組件分攤製造費用，爲何只針對某一特定的零組件？」

另一方面，Sorenson 強烈地認爲 PPM 應該透過某種價格機制來分配有限資源，但她也不知道自己是否能正確地訂出附加費用。她應如何爲感應器以及訊號處理晶片訂定正確附加費用？如何向所有人證明她的決策是正確的？

附錄 2

	訊號處理器晶片	感應器模組
單位直接成本	$600	$800
每年可支配數量	3,200	5,100

	BioScan 225	GeoScan 200
每單位所需訊號處理晶片	1	2
每單位所需感應器模組	4	1
零組件直接成本	$3,800	$2,000
其它直接成本	$3,300	$8,500
總直接成本	$7,100	$10,500
需求（D）vs.價格（P）	D=10,000-0.25×P	D=6,000-0.20×P
價格（P）vs.需求（D）	P=（10,000-D）×4	P=（6,000-D）×5

1990 年會計年度各部門損益表（「成本加成」內部計價方式）

感應器製造部門	單位：1000 美元
銷貨數量	5,097
收入(總直接成本＋營業獲利)	$5,828
原料	$2,069
直接人工	$1,735
其它直接費用	$81
總直接成本	$3,885
營業獲利(總直接成本的 50%)	$1,943
折舊	$883
管銷費用	$139
淨利	$921

	單位：1000 美元 BioScan	GeoScan
銷貨數量	1,154	481
收入	$38,704	$13,013
感應器	$5,278	$550
訊號處理器晶片	$692	$577
其它原料	$2,129	$2,948
直接人工	$1,528	$1,093
其它直接費用	$151	$47
總直接成本	$9,778	$5,215
營業獲利	$28,926	$7,798
折舊	$102	$90
管銷費用	$449	$131
製造費用（收入的 45%）	$17,417	$5,856
淨利	$10,958	$1,721

附錄 4

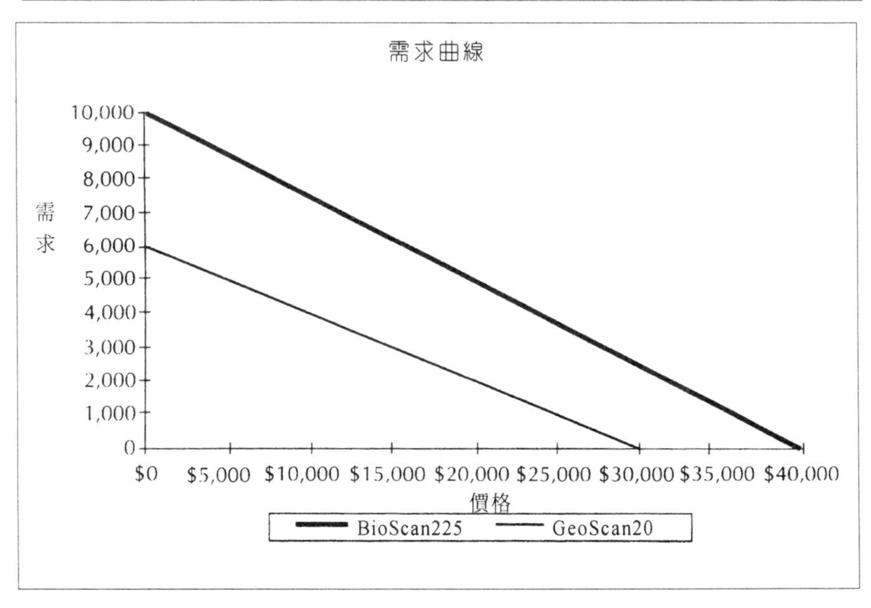
需求曲線
10,000
9,000
8,000
7,000
6,000
5,000
4,000
3,000
2,000
1,000
0
需求
$0 $5,000 $10,000 $15,000 $20,000 $25,000 $30,000 $35,000 $40,000
價格
BioScan225
GeoScan20

附錄 5

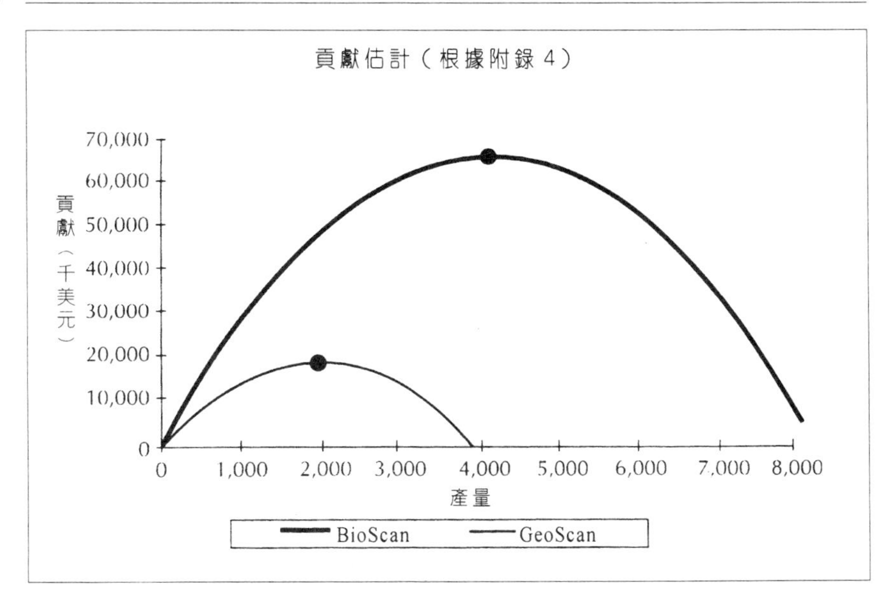
貢獻估計（根據附錄 4）
70,000
60,000
50,000
40,000
30,000
20,000
10,000
0
貢獻（千美元）
0 1,000 2,000 3,000 4,000 5,000 6,000 7,000 8,000
產量
BioScan
GeoScan

第 3 章

線性規劃

個案

Sheridan 汽車公司

Sheridan 汽車公司總裁在 1994 年 6 月的每月企畫會議中，表達了對公司前 6 個月財務績效的不滿。他對 Sheridan 汽車公司的財務、銷售及生產經理強調：「我知道有幾條生產線的產能已有效使用，但肯定的是我們可以採取一些行動改善財務狀況。或許我們應該改變產品組合。我們型號 101 的卡車並無法獲利。爲什麼我們不停止生產型號 101 的卡車呢？或許我們也應該向外部供應商購買引擎，以解決引擎裝配生產線產能不足的問題。你們三個人可以討論一下，考慮一些選擇方案並提出建議。」

可能產量組合及標準成本

Sheridan 汽車公司在密西根州的巴特勒工廠，專門製造兩種型號的卡車：型號 101 和型號 102。製造作業共分爲四個部門：金屬沖壓、引擎裝配線、型號 101 裝配線以及型號 102 裝配線。

每一個部門的產能以可使用機器工時（扣掉維修時間）表示。可使用的機器小時與每個部門製造每一種型號的卡車所須投入的機器工時，決定了 Sheridan 汽車公司的「可能產量組合」。例如：金屬沖壓部每個月的產能足以生產 2500 輛型號 101 卡車所需的引擎裝配材料（7000 可使用的機器工時 ÷2.8 每部卡車所需的機器工時），或是 3500 輛型號 102 卡車所需的引擎裝配材料。當然，Sheridan 公司也可以利用金屬沖壓部同時生產兩種型號。如果只生產 1000 輛的型號 101 卡車，則金屬沖壓部就會有足夠產能製造 2100 輛的型號 102 卡車（[7,000-1,000×2.8]÷2.0）。表 3.1 顯示各部門每個月可使用的機器工時與每種卡車型號在各部門製程所需的機器工時。假設公司可以賣出所有的卡車。附錄 1 顯示四個部門的產能限制和生產兩種卡車型號所需的機器工時。就產能的觀點來說，在粗線條包圍區域內任何一點所代表的產量組合都是可行的。

表 3.1

機器工時：需求量與可供給量

	每輛卡車所需的機器工時		可用的機器工時
	型號 101	型號 102	
金屬沖壓	2.8	2.0	7,000
引擎裝配線	1.2	2.4	4,080
型號 101 裝配線	2.0		4,500
型號 102 裝配線		3.2	4,480

Sheridan 汽車公司 1994 年前六個月生產排程顯示：每個月生產量爲 600 輛的型號 101 卡車及 1400 輛的型號 102 卡車。在此一生產水準下，型號 102 裝配線和引擎裝配線已經充分運用 100%的產能；但在金屬沖壓及型號 101 裝配線僅使用到 64% 及 26.7%的產能。表 3.2 顯示在此一生產水準下之標準成本；表 3.3 表示製造費用。

表 3.2

標準生產成本

成本	型號 101	型號 102
直接材料	$24,000	$20,000
直接人工		
金屬沖壓	$800	$600
引擎裝配	$1,200	$2,400
最終裝配	$2,000	$1,500
製造費用*		
金屬沖壓	$3,463	$2,759
引擎裝配	$2,894	$5,588
最終裝配	$8,000	$3,571
總計	$42,357	$36,419

*根據產能利用率而計算的分擔製造費用

	使用機器工時的百分比	
	型號 101	型號 102
金屬沖壓	38%	63%
引擎裝配	18%	82%
最終裝配（型號 101）	100%	
最終裝配（型號 102）		100%

表 3.3

1994 年的製造費用預算

部門	每月製造費用總計（百萬美元）	每月固定製造費用*（百萬美元）	單位變動製造費用 型號 101	型號 102
金屬沖壓	6.94	1.70	$2,400	$2,000
引擎裝配線	8.56	2.70	$2,100	$4,000
型號 101 裝配線	4.80	2.70	$3,500	
型號 102 裝配線	5.00	1.50		$2,500
總計	25.30	8.50	$8,000	$8,500
每月生產量			600	1,400

*依據各型號卡車的產能利用率計算固定製造費用。

財務、銷售經理及生產經理之會議

銷售經理在會議上抱怨：「我們爲何不停止生產型號 101 卡車？我已研究兩種卡車的標準成本，在我看來，每賣出一輛型號 101 卡車我們就虧損 375 美元。」（型號 101 卡車售價 42000 美元，型號 102 卡車售價 40000 美元）

財務經理辯駁說：「僅僅 600 輛的型號 101 卡車卻要分攤高額的固定製造費用才是真正的關鍵。如果我們增產型號 101 卡車，且必要時減產型號 102 卡車，狀況或許會好些。」

生產經理加入討論：「我有一個可增產型號 101 卡車，卻不必減產型號 102 卡車的好辦法。我們可以向外包商購買型號 101 卡車或型號 102 卡車的引擎，以解決產能不足的問題。如果我們採用此一方法，我們應該提供必要的材料和引擎零組件給外包商，這樣我們只需付出外包商的人工成本及製造費用。」

附錄 1

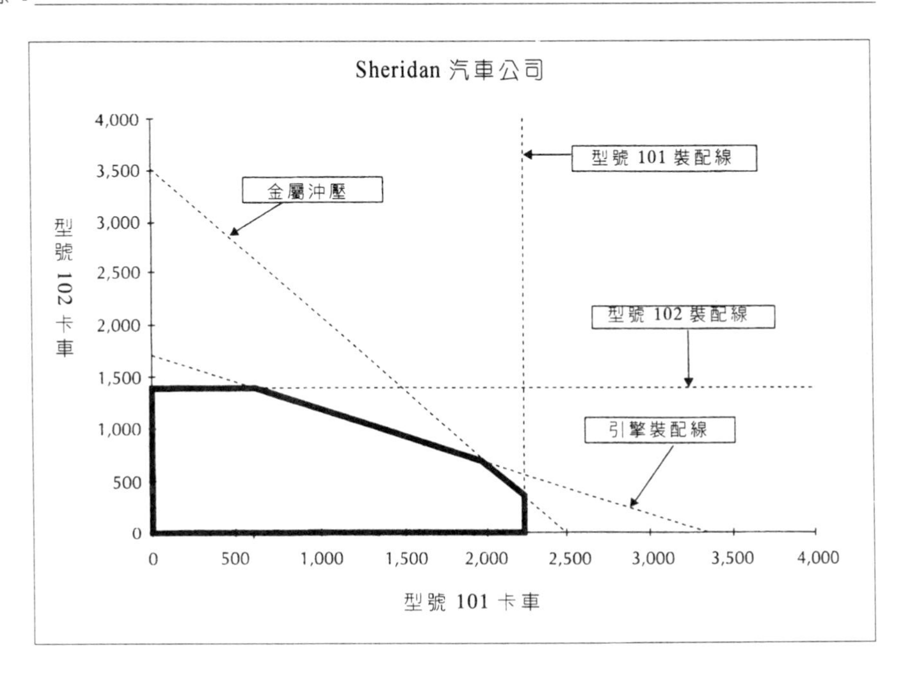

線性規劃

線性規劃是一種數學技術，它可以幫助各型企業規劃有效率的作業系統與分配有限的資源。運輸業(特別是航空公司)、石油業和化工業最常使用線性規劃。線性規劃的應用在各種製造業與金融業也很普遍。本章主要針對此一領域提供管理導向的概觀。

何謂「規劃」？

線性規劃是在 1940 年所發明，大約和電子計算機的發明同一時期。在過去「規劃（programming）」一詞即等於「計劃（planning）」，對一台電腦做規劃意味著給予電腦特定的指令以計劃電腦該如何運作。現今，規劃一詞已逐漸成為日常用語。在線性規劃中，規劃一詞指的是「最佳化（optimization）」，也就是從一大堆可行方案中選擇出一個最佳方案。

在決策問題上應用線性規劃或任何計量最佳化技術，必須用特定的方式來思考問題，也就是將問題建構成一個模型。模型包括三種基本要素：決策變數（decision variable）、目標函數（objective function）和限制式（constraint）三種。這種模型不見得能適用每個情況，有些人可能認為將問題予以模型化並不合理。然而，這是一種可以幫助個人思緒的有效思考方法。以下是一個簡單的線性規劃問題。

例題 1：絕緣體生產

有一生產絕緣體工廠製造兩種絕緣體：型式 B 和型式 R。兩種型式的絕緣體皆使用同一種機器生產。這機器可以生產各種的產品組合，但每天的產量無法超過 70 噸重。工廠使用卡車載運絕緣體，裝載設備一天可處理 30 輛卡車的載重量。一輛卡車的容積可載運 1.4 噸型式 B 的絕緣體，也可載運 2.8 噸型式 R 的絕緣體。每一輛卡車可只載運型式 B 或型式 R，也可以混合型式 B 和型式 R 一起載運。運送絕緣體需要有火焰隔絕裝置，但目前火焰隔絕裝置正好供應不足，工廠一天最多只能得到 65 個火焰隔絕裝置。裝載一卡車的型式 B 絕緣體需要 3 個火焰隔絕裝置，但是裝載一卡車的型式 R 絕緣體則只需要 1 個火焰隔絕裝置。

工廠主管 Carla Linton 根據目前價格計算出一卡車型式 B 絕緣體的貢獻是 950 美元，而型式 R 絕緣體的貢獻是 1200 美元。且不管選擇何種產量組合，要售出工廠生產的全部產品是沒有困難的。請問這兩種型式的絕緣體各應該生產多少以得到最大總貢獻？

建構問題模型的第一步是確認決策變數。每一個決策變數界定工廠主管能夠控制的活動範圍，譬如生產某些數量的特定產品。問題的模型需要有足夠的決策變項以描述所有可能的行動方案。例題 1 將會有兩個決策變數：每天生產可載滿 b 輛卡車的型式 B 絕緣體、每天生產可載滿 r 輛卡車的型式 R 絕緣體。基本上，每天生產計畫的目的在決定兩個數值： b 和 r。有許多有效的方法可幫助選擇決策變數。例如，我們可以定義決策變數是以產品的一噸重爲一單位，而不是以每一輛卡車所能裝載容積的重量爲一單位。

第二步是要決定目標函數。目標函數是評估一計畫的一些數據衡量標準，最好的計畫是指目標函數最大（或最小）的計畫。在例題 1 的工廠主管 Carla 想要使總貢獻值極大，所以她必須最大化其目標函數 950b+1200r。也就是說，她需要決定能使 950b+1200r 最大的 b 值和 r 值。（有些類型的問題比較適合用總成本極小化的觀念思考）

最後，我們需要了解問題的限制式。這些限制式界定決策變數的可能選擇和組合。一般來說，限制式對應到決策變數相關活動所耗用的有限資源。例題 1 的有限資源是機器每天的最大生產量 70 噸。一輛卡車的容積可載運 1.4 噸型式 B 的絕緣體，所以型式 B 絕緣體每天的產量爲 1.4b 噸。同樣地，一輛卡車的容積可載運 2.8 噸型式 R 的絕緣體，所以型式 R 絕緣體每天的產量爲 2.8r 噸。這兩個重量的加總不能超過機器的最大生產量 70 噸。由此得知，此一限制式將是：

$$1.4b + 2.8r \leq 70$$

另一個有限的資源是裝載設備，一天最多可處理 30 輛卡車的載重量。此一限制式將是：

$$b + r \leq 30$$

最後還有一個有限資源：火焰隔絕裝置。如果工廠一天生產可載滿 b 輛卡車的型式 B 絕緣體和可載滿 r 輛卡車的型式 R 絕緣體，工廠一天將會消耗 3b+r 個火焰隔絕裝置。這個數量一天不能超過 65 個，所以此一限制式將是：

$$3b + r \leq 65$$

因爲兩種絕緣體的產量都不可能是負數，所以還有額外的兩個條件。此限制式將是：

$$b \geq 0$$
$$r \geq 0$$

對任何讀完問題敘述的人來說，最後這兩個限制式可能是很明顯。但是把線性規劃問題輸入電腦時，必須包括這些「明顯的」限制，所以慣例上仍把它們列爲限制式。

整個線性規劃問題可以用數學的方式描述：

最大化 $950b + 1200r$　（總貢獻）

受制於
$1.4b + 2.8r \leq 70$　（工廠產能限制）
$b + r \leq 30$　（裝載設備的限制）
$3b + r \leq 65$　（火焰隔絕裝置的限制）
$b \geq 0$
$r \geq 0$

何謂「線性」？

到目前為止，我們還未解釋什麼是線性規劃。任何有關數值決策變數與目標函數的最大化或最小化問題都是最佳化問題。如果問題中含有限制式稱為受限最佳化；否則稱為非受限最佳化。線性規劃是符合下列特殊規定的受限最佳化：目標函數與限制式必須是線性函數，而且決策變數的值可以是無理數（我們將在後面解釋這些規定是什麼意思）。在各種最佳化問題中，線性規劃是最容易研究且求解的，它們常常運用在實際的企業規劃案。

第一個條件：目標函數必須是「線性函數」。數個決策變數所構成的線性函數必須可以用下列的形式表示：

（常數＃0）+（常數＃1）×（決策變數＃1）+（常數＃2）×（決策變數＃2）+...+（常數＃n）×（決策變數＃n）

不管決策變數的值是多少（包括「0」），常數的值都是固定不變的。在絕緣體的例題，決策變數是 b 和 r，目標函數 900b+1200 r 符合上述的形式。若有任何不符此形式的函數就是非線性函數。如 x/y、xy、x^2+4y 皆是含兩變數 x、y 的非線性函數。

第二個條件：所有的限制式都必須是「線性」。這個條件是指每個限制式都必須可以用下列的形式表示：

（決策變數的線性函數）≤常數，

或

（決策變數的線性函數）≥常數，

或

（決策變數的線性函數）=常數。

例如，若 x 和 y 是決策變數，$2x+3y=20$ 與 $x-y \geq 0$ 兩者都是線性限制式。反之，$7x + xy \leq 8$ 即非線性限制式。絕緣體例題中所有的限制式都符合上述形式之一。第三種型式的限制式（「=」）通常表示變數之間的固定關係，而不是一個明顯的資源限制。例如，對一個沒有儲藏設施的貨物轉運站而言，你必須用限制式表示流入貨物總數等於流出貨物總數。

線性規劃最佳化問題的最後一個必備條件是可分割性：只要決策變數的值可以滿足所有的限制式，它可爲非整數。其次，這個條件在絕緣體的例題中也是成立的。若我們在例題中增加新的限制式：每輛卡車離開載貨區時，必須滿載 B 型或 R 型的絕緣體；且沒有任何卡車可以因爲尚未載滿而滯留載貨區，等到隔天載滿才出貨。此時 b 和 r 只能以整數表示，而且可分割性的性質不再存在。

解必須爲整數的最佳化問題稱做整數規劃問題，而且通常比線性規劃問題來得困難。在企業環境中常發現整數規劃問題，尤其是流通配送或運輸問題。另一方面，解可爲非整數但目標函數或限制式並非線性函數的最佳化問題，稱爲非線性規劃。這在企業環境中也會發生。事實上，某些定價決策可視爲非線性規劃的範例。

例題 2：非線性規劃

X 電子公司設計兩種專供個人電腦使用的插卡，並自行銷售到市場。這兩種插卡一種是音效卡，另一種是圖形加速卡。這二者的銷售量並不會互相干擾。每張音效卡的直接生產成本是 300 美元，而圖形加速卡爲 400 美元。若 p 與 t 分別爲音效卡與圖形加速卡的零售價，行銷部門預估音效卡與圖形加速卡的需求量分別是 10000-9p 與 12000-12t 個單位。X 公司總產量一年最高爲 7500 片。若行銷部門預估正確，X 公司每種卡各應該生產多少才能達到年度最大貢獻值？

設 p 與 t 爲零售價的決策變數；c 與 v 分別爲音效卡與圖形加速卡產量的決策變數。我們可以知道 c=10000-9p 與 v=12000-12t 或是 c+ 9p=10000 與 v+ 12t=12000。X 公司總產量限制可以寫成 c+v ≤ 7,500。音效卡的貢獻值爲（p-300）c，即單位盈餘乘以銷售量。同理，圖形加速卡的貢獻值爲（t-400）v。因此，總貢獻爲（p-300）c+（t-400）v，此爲 p、c、t 與 v 的非線性函數。這些決策變數皆不可爲負值。所以我們可以把 X 公司的問題描述如下：

最大化	（p-300）c+（t-400）v			
受制於	c + 9p	=	10,000	（音效卡的需求量）
	v + 12t	=	12,000	（圖形加速卡的需求量）
	c + v	≤	7,500	（年度最高產量）
	c	≥	0	（c 的產量爲正值）
	p	≥	0	（p 的價格爲正值）
	v	≥	0	（v 的產量爲正值）
	t	≥	0	（t 的價格爲正值）

我們都曾經遇過這類問題，但我們並沒有把它們以數學方

程式表示。這個例題的主旨在闡明企業環境中的問題如何以抽象的非線性規劃表示。

假設我們要生產 x 單位的產品 A 和 y 單位的產品 B，且產品 A 的數量至少需爲產品 B 的三倍。此限制式可表示如下：

$$\frac{x}{y} \geq 3，$$

雖然這並不是線性規劃的標準方程式。但此限制式可改寫成：

$$x-3y \geq 0，$$

此式與前一式子具有相同的意義，但已具有線性特質（*線性函數*）≥ *常數*。總而言之，你可以先運用一些基本的數學技巧，再利用線性規劃解一些原本看起來似乎是非線性規劃的問題。

求解線性規劃問題

到目前爲止，我們只有簡略地學到建構線性規劃問題的方法。你要如何解這些問題？若問題中只有少數幾個決策變數和限制式的話，你可以簡單的找出一個最有可能或最接近的答案。在只有兩個變數的問題中，我們可利用尙未討論的圖解法求解。但在實際的運輸、企業運籌、複雜製程問題，決策變數與限制式可能有數百個至數萬個之多。電腦是解此種最佳化問題或是找出一個近似解的必要設備。

1950 年代初期，史丹佛大學教授 George Dantzig 和幾位同事發展出一種運算速度非常快且用途廣泛的線性規劃電腦演算法，稱爲簡算法（Simplex method）。我們之所以提及這一小段歷史是因爲簡算法曾經非常重要，很多人甚至認爲它等於線性規劃。在 1980 年代，數學家和電腦專家開始尋找一些可行的替代方案以求解大型的線性規劃問題。

對管理者來說，最重要的事並非電腦所使用的數學方法，而是電腦所使用的套裝軟體。最近發行的《今日作業研究與管理科學》雜誌表示，美國個人電腦市場至少有 44 種線性規劃套裝軟體，其中有三種線性規劃軟體比較流行：工作表（spreadsheet）套裝軟體、模式化的程式語言（modeling language）套裝軟體、專業的電腦程式碼（computer code）。像 Lotus 1-2-3 和 Excel 工作表套裝軟體求解線性規劃問題的功能放在增益集（add-ins），適合管理者自行構建並求解小型的問題。你可以用工作表的形式展現你所構建的問題，使用一些空格表示問題的決策變數、限制式、目標函數值。沒有經驗的使用者會覺得工作表套裝軟體比傳統的線性規劃軟體來得容易。

就非常大型的問題或需要重覆求解的問題而言，一般是尋求專業程式分析師的服務。專業程式分析師會根據專業的線性規劃程式碼，幫客戶建立一套客製化的決策支援系統。這通常需要一些管理者和技術分析師的共同參與。

模式化的程式語言最近才被發展出來，只要針對線性規劃問題輸入一些簡便的程式語言即可求解，因此最適用於中型的問題。大部份的管理者都需要分析師的協助才會使用，但是所花費的精力卻比傳統專業軟體來得少。

解釋線性規劃的結果

將例題 1 絕緣體生產的資料輸入一般線性規劃套裝軟體，表 3.4 顯示軟體運算後的結果。

表 3.4

絕緣體生產之線性規劃結果

目標函數值：	33,500.00			
決策變數	**價值**	**縮減成本**		
B 型絕緣體卡車數	10.00	0.00		
R 型絕緣體卡車數	20.00	0.00		
限制式	**差額**	**影價**	**可減量**	**可增量**
機器	0.00	178.57	10.50	14.00
裝載設備	0.00	700.00	5.00	3.00
火焰隔絕裝置	15.00	0.00	15.00	

最佳目標函數值

從表 3.4 中可以了解：若一天生產 10 輛卡車的 B 型絕緣體和 20 輛卡車的 R 型絕緣體，則可能的最大總貢獻值是 33,500 美元。在某些問題中，可能會有多組的決策變數值（最佳解）同時造成相同的最佳目標函數值。在這種情況下，大部份的線性規劃套裝軟體都會簡單地選擇任何一組最佳解，而不會出現尚有其他最佳解的訊息。

差額

線性規劃套裝軟體提供的另一種資訊是限制式的差額（換言之，即是在最佳解時，有限資源尚未被使用的數量）。在絕緣體例題中的最佳解（b=10，r=20）利用機器的最大生產量 70 噸與裝載設備的最大載重量 30 輛卡車。因此，就機器的限制式 $1.4b + 2.8r \leq 70$ 與載貨限制式 $b+r \leq 30$ 而言，二者皆爲*零差額*。但是每天 65 個火焰隔絕裝置只用掉 50 個，因此限制式 $3b+r \leq 65$ 的差額爲 15；也就是說在達到最佳解時，我們還剩餘 15 個火焰隔絕裝置。對工廠而言，機器和裝載設備的產能限制是整體作業的「瓶頸」，但火焰隔絕裝置並非真正的稀有資源（意即我們可以減少一些火焰隔絕裝置的配額，而不影響最大總貢獻值）。只有在火焰隔絕裝置的供應量在 50 個以下時，我們才需要更改最佳化的生產計劃。

影價、可減量、可增量、訂出機會成本

基本上所有線性規劃軟體也對所有限制式提供*影價*的資訊。限制式的影價即是最佳目標函數值隨著限制式的資源數量微量增減而改變的數值。

機器限制式的影價爲 178.57 美元。也就是說，若可以藉由某種方法增加機器的最大生產量一個單位（在例題 1 中是每天 1 噸），我們可以重新安排生產計劃且每日增加 178.57 美元的貢獻值。相反地，若機器發生一些故障，且我們每天失去 2 噸

的產量，則經過修正後的最佳生產計劃每日貢獻值較平時最佳狀況少 2 x$178.57=$357.14。同樣地，裝載設備限制式的影價為 700 美元。也就是說，最大載重量每多出額外一單位（每天 1 卡車），總貢獻值增加 700 美元。火焰隔絕裝置限制式的影價為 0，因為火焰隔絕裝置數量的微小改變並不影響最佳化的生產計劃。總而言之，*非零差額*限制式的影價必定是 0。

要知道為什麼裝載設備的影價是 700 美元，必須想一想如果它的最高載重量一天增加 1 卡車，那會發生什麼事？我們會希望能夠額外運送一輛滿載絕緣體的卡車。但當機器已經在最大生產量，我們要如何增加裝載設備的載重量？答案是如果我們減少 R 型絕緣體一卡車的產量，增加 B 型絕緣體兩卡車的產量，便可剛好利用機器最大生產量的噸數。每日的總貢獻值增加為：

2x$950-$1,200=$1,900-$1,200=$700，

這與裝載設備限制式的影價是一樣的。當我們開始調整可用資源時，影價會隨著最佳計劃改變。

我們可以用同樣的方式理解機器生產量的影價。在裝載設備載重量不變的情況下，若機器可增加 1 噸產量，我們會盡可能地增加 2 噸 R 型絕緣體的產量(2/2.8=5/7 輛卡車的載重量)，並減少 1 噸 B 型絕緣體的產量（5/7 輛卡車的載重量）。每日的總貢獻值增加為：

（5/7）x$1,200-（5/7）x$950=$178.57。

影價即是最佳目標函數值隨著限制式的資源數量微量增減而改變的數值。但何謂「微量增減」？微量增減可容許的範圍為限制式的可減量與可增量。在不影響影價的前提下，限制式的*可減量*為資源數量可容許的最大減少值，而限制式的*可增*

*量*爲資源數量可容許的最大增加值[1]。例如，在裝載設備載重量影價不變的前提下，載重量可以減少 5 輛卡車或增加 3 輛卡車。如果超過此一範圍，影價會對最佳目標函數值提出過度樂觀的預測。譬如，若我們將裝載設備每天的最大載重量減少 7 輛卡車，這已超出可減量 5 輛卡車的範圍。若以線性規劃重新解這個問題，得到的最佳目標函數值爲一天 27,600 美元的總貢獻，比調整裝載設備載重量前少了 5,900 美元。若以影價的方式預測最佳目標函數值，僅減少 7 ×$700=$4,900。（裝載設備載重量減少一輛卡車的最佳方式是：減少 B 型絕緣體兩卡車的產量，並增加 R 型絕緣體一卡車的產量。在減少 5 輛卡車的裝載設備載重量之後，我們不能再繼續減少，因爲 B 型絕緣體的產量已從 10 個單位減至 0。）

火焰隔絕裝置限制式的可增量爲無限大：因爲無論我們如何增加火焰隔絕裝置，生產計劃的最佳解與最佳目標函數值不會改變。我們擁有的火焰隔絕裝置比所需還多，所以有再多的火焰隔絕裝置也不會改變任何事。

影價可以提供一個企業的管理階層對經濟情勢的洞察力。除了幫助管理階層知道擴充產能需付出多少成本外，影價也可以對新活動「訂出機會成本」，例如製造新產品的機會成本。所謂對一個活動「訂出機會成本」，是指我們將比較從某一個單位活動水準所獲得的貢獻與有限資源移轉到其它方面的機會成本。假設別的部門主管和工廠主管 Carla 交涉，每天

[1] 這是資源數量可容許增減範圍的「相對性」描述。有些線性規劃軟體會使用「絕對性」描述（也就是說，在影價不變的前提下，可容許的資源數量值）。若以絕對性描述法表示，若裝載設備載重量的影價不變，則載重量必須介於 25 與 33 之間。

要和 Carla 借用一噸的機器產能製造其它部門的產品，那麼 Carla 應該要向他開價多少錢？根據影價的資料，一旦產能被借用，Carla 會比目前的最佳生產計劃少 178.57 美元的貢獻。所以 Carla 可以要求那位主管每天負擔至少 178.57 美元。因此機器限制式的影價等於轉移一噸生產量到其它部門的機會成本。

以同樣的方式，假設產品開發部門發明了一種新的絕緣體：X 型。一卡車 X 型絕緣體的重量是 1.9 噸且需要兩個火焰隔絕裝置。一卡車 X 型絕緣體的售價為 1,900 美元，其變動成本 1,075 美元包括所有原料、化學藥品、直接人工。那麼 Carla 生產 X 型絕緣體會不會獲利呢？乍看之下，也許你想說「會」，因為一單位的售價大於直接成本。然而這個推論忽略有限資源轉移到新活動的機會成本。假設 Carla 決定每天生產一卡車的 X 型絕緣體，並以工廠的剩餘資源，調整 B 型和 R 型絕緣體的生產計畫，以獲得最大可能總貢獻值。裝載一卡車的 X 型絕緣體會影響 B 型和 R 型絕緣體原有的載重量；根據影價的資料，裝載設備產能的機會成本為 700 美元。同時一卡車的 X 型絕緣體也將用掉 1.9 噸的機器產能，其機會成本為 1.9 × \$178.57=\$339.28。另外還會用掉兩個火焰隔絕裝置，但這毋須挪用生產 B 型和 R 型絕緣體所需的火焰隔絕裝置，因此除了火焰隔絕裝置的直接成本之外（已經算在 1,075 美元的變動成本中），對其它方面皆無影響。如果生產一卡車的 X 型絕緣體，機會成本將是利用相同資源生產 B 型和 R 型絕緣體所能獲得的貢獻\$700+\$339.28=\$1,039.28 美元。生產一卡車的 X 型絕緣體可獲得貢獻為 825 美元（即售價 1,900 美元減去直接成本 1,075 美元）。將一卡車 X 型絕緣體可獲得的貢獻與機會成本

1,039.28 美元相互比較，顯示最好不要生產一卡車的 X 型絕緣體。藉由「訂出機會成本」，我們可以比較一單位新活動的機會成本（如影價所示）及其單位貢獻。

因爲影價對於最佳目標函數值的預測過於樂觀，所以如果嘗試生產更多的 X 型絕緣體，結果可能會變得更糟。另一方面，如果每一卡車的 X 型絕緣體售價至少爲$1,039.28+$1,075=$2,114.28，那麼生產少量的 X 型絕緣體是可行的。

「X 型絕緣體」的例子顯示了經濟學的基本原理。當一家公司評估一項新產品時，通常會藉由比較收益與花費來評估新產品是否值得投資，其中的花費包括變動成本以及管理費用的分攤成本。這是嚴重的雙重錯誤。第一、不論新活動是否推行，有些固定的管理費用並不會改變；第二、分析時忽略任何可能從其它活動中轉移過來的有限資源。正確的分析應該比較新產品收益與轉移任何所需之有限資源的直接成本、機會成本總和。若在公司利用很多不同資源生產很多不同產品的複雜情況下，真正的機會成本並不明顯。從以上的例子可看出，線性規劃的好處是影價可以快速且輕易的評估移轉資源的機會成本。

縮減成本

讓我們重新構建例題 1 絕緣體生產的問題模型，加上額外的決策變數 x，來表示每天生產可載滿 x 輛卡車的型式 X 絕緣體。現在機器每日最大生產量的限制式必須算入生產 X 型絕緣體所用的 1.9x 噸產能，所以限制式改爲：

$$1.4b + 2.8r + 1.9x \le 70$$

我們必須用同樣的方法改寫裝載設備載重量和火焰隔絕裝置的限制式。同時也把 X 型絕緣體每卡車出貨量的貢獻 $ 825 放入目標函數。整個線性規劃問題模型爲：

最大化 $950b+1200r+825x$

受制於

$$
\begin{aligned}
1.4b + 2.8r + 1.9x &\le 70 &&\text{（工廠產能限制）}\\
b + r + x &\le 30 &&\text{（裝載設備的限制）}\\
3b + r + 2x &\le 65 &&\text{（火焰隔絕裝置的限制）}\\
b &\ge 0\\
r &\ge 0\\
x &\ge 0
\end{aligned}
$$

如果我們將此問題輸入電腦，我們會得到結果如表 3.5。

表 3.5

加入 X 型絕緣體後的線性規劃結果

目標函數值：	33,500.00			
決策變數	**價值**	**縮減成本**		
B 型絕緣體卡車數	10.00	0.00		
R 型絕緣體卡車數	20.00	0.00		
X 型絕緣體卡車數	0.00	214.28		
限制式	**差額**	**影價**	**可減量**	**可增量**
機器	0.00	178.57	10.50	14.00
裝載設備	0.00	700.00	5.00	3.00
火焰隔絕裝置	15.00	0.00	15.00	

正如我們所預測的，最佳解並沒有包含 X 型絕緣體的生

產。令人感興趣的是*縮減成本*這一列結果。決策變數的「縮減成本」是對應活動的單位貢獻量減去所運用資源的單位機會成本。如同表 3.5 的結果，X 型絕緣體決策變數的縮減成本是 \$1,039.28-\$825 =\$214.28，因為生產一卡車 X 型絕緣體所需的資源其機會成本為 1,039.28 美元，但卻只會帶來 825 美元的貢獻。縮減成本告訴我們，如果一卡車 X 型絕緣體的貢獻可以增加超過 214.28 美元，則生產 X 型絕緣體便是可行的。

請注意生產 B 型和 R 型絕緣體的縮減成本都是 0。這並不令人意外，因為一個決策變數的縮減成本即是包含至少一單位相對應活動所需的成本；事實上，我們也可用這種方式解釋縮減成本[2]。如果我們一定要生產一卡車的 X 型絕緣體，我們會保留必要的資源以生產一卡車的 X 型絕緣體，然後以剩下的資源遵循最佳化生產計劃來生產。而所需的成本即為保留資源的機會成本，這與影價減去生產一單位 X 型絕緣體的貢獻相同。這正是我們先前算出的縮減成本。

現在看看 B 型絕緣體。因為它已經在最佳化生產計劃中，所以要求其至少生產一單位根本沒有任何影響——必要的成本是 0。R 型絕緣體也是一樣。因此 B 型和 R 型絕緣體的縮減成本一定是 0。

[2] 因為某些技術性的原因，雖然這個定義有些草率，但已能充分滿足我們的目的。

影價與資源定價

爲了要和經濟學的資源定價概念相連接，現在讓我們考慮影價的另一個解釋。假設某一家小規模公司的每一種絕緣體都有一位產品經理：B 型、R 型、X 型各有一位。每一種資源也有一位資源經理負責，所以一位經理控制生產機器，一位經理負責裝載設備，另一位經理則負責分配火焰隔絕裝置。每當產品經理[3]使用上述三種資源時，都要付出資源的直接成本給相關的資源經理，並加上資源經理所決定的附加費、運輸費。每位資源經理都應監控其資源需求量，如果需求超出供給就應提高價格，若需求低於供給就應降低價格。評估資源經理工作能力的標準並非收取了多少附加費，而是資源的需求量是否能等於供給量。

另一方面，產品經理繼續爲產品定出機會成本，只有在能獲取利潤或收支平衡時才繼續生產。假設機器經理設定每生產一噸產品的機器產能附加費是 m 美元；裝載設備經理設定每裝載一輛卡車的產能附加費是 d 美元；而每個火焰隔絕裝置附加費需要 c 美元。B 型絕緣體經理算出每一卡車 B 型絕緣體的附加費總和爲 $1.4m+d+3c$，並且把這個數目和一卡車 B 型絕緣體的貢獻 950 美元作比較（已包含全部的直接成本）。如果附加費超過單位貢獻，B 型絕緣體的經理會將產量水準設爲 0；如果附加費少於單位貢獻，他會設法增加產量水準；如果剛好在損益平衡點上，他就不會改變產量水準。R 型和 X 型絕緣體的經理也是同樣的做法，只是他們的產品附加費算式不同（方程

[3] 簡言之，因為工廠主管 Carla 是女性，這裡我們假設這些經理都是男性。

式分別爲 $2.8m+d+c$ 和 $1.9m+d+2c$）。

假如附加費等於線性規劃的影價——也就是 m=178.57 美元、d=700 美元、c=0 美元，且產量水準等於最佳目標函數值的產量水準——-b=10 和 r=20。若 B 型絕緣體經理現在爲產品「訂出機會成本」，他會發現生產一卡車 B 型絕緣體需支付：

$$1.4m+d+3c=(1.4m\times\$178.57)+\$700+(3\times\$0)=\$950$$

這正好和一卡車 B 型絕緣體的貢獻相等。因此他沒有必要提高或降低目前的 10 輛卡車生產量。R 型絕緣體經理也用相同的方法，他必須支付：

$$2.8m+d+c=(2.8\times\$178.57)+\$700+\$0=\$1,200，$$

這也正好和一卡車 R 型絕緣體的貢獻相同。X 型絕緣體經理的附加費爲：

$$1.9m+d+2c=(1.9\times\$178.57)+\$700+\$0=\$1,039.28，$$

附加費已經比貢獻 825 美元還多，所以他會將產量水準設在 0。然而 X 型絕緣體的產量已經是 0 了，因此他並沒有必要改變。

現在讓我們看看機器經理，因爲目前所使用的產能剛好爲 $10\times1.4+20\times2.8=70$ 噸，所以他沒有理由提高或降低每噸 178.57 美元的價格。裝載設備也剛好達到最大裝載量，所以裝載設備經理也沒有必要更改價格。火焰隔絕裝置經理一天可以額外供應 15 個火焰隔絕裝置，所以他應可降低價格以刺激需求量，但因目前價格已經是 0，他不可能再降價了。總之，如果產量水準定在最佳化水準，且資源的價格設定爲線性規劃的影價，絕緣體工廠便形成一個穩定的經濟系統，不會有改變現狀的動機。影價是其相對應資源「出清存貨」的價格——也就是說影價會造成需求量等於供應量的穩定狀態。

為什麼影價有這種特質？之前的討論曾提過，當某項活動在最佳解時的值不等於零，其影價必定等於 0。同樣地，當某項活動在最佳解時的值等於零，其機會成本將超過貢獻值。

理論上，對每種資源訂定價格，且一再實驗這些價格直到每種資源的需求量等於供給量，應該可以解答任何線性規劃問題。在某些例子中，這個方法可能很實用，但通常尋找正確價格的步驟進行的極慢，因此繁雜的步驟最好還是留給電腦去做。有趣的是，對一些非線性規劃問題尋找正確價格要比對線性規劃問題來得容易。

線性規劃的實際應用

因為一個決策模型必須符合很多技術上的條件才可被認定為線性，這使得線性規劃的適用性看來限制不少。如果對任何情況觀察得夠詳細，都會發現一些特徵違反線性限制式、線性目標函數、決策變數無限可分割性的需求。但在很多案例中，可以合理的忽略這些細節，並建立一套有用的模型。例如，某一項產品實體上必須以整數為單位運送，但若一天運送的數目有數千個之多，或許就能用可無限分割且連續的決策變數來構建這個模型。就算一天只有少數幾個單位的出貨，仍然能用平均生產速率來定義決策變數：例如，每天 1.5 個單位的平均生產速率相當於某些天出貨 1 個單位，但某些天出貨 2 個單位。另外也可以藉由整合許多的線性限制式來趨近非線性限制式。

線性規劃模型的另一個特性是假設全部資料為確定已

知，但這通常不可能發生。解決這個問題的對策是做敏感性分析——也就是對模型內的不確定因素嘗試多種不同的值，然後看看結果如何。事實上，敏感性分析與任何分析工具共用都是很理想的。對敏感性分析來說，有時候不確定性的可能數值太多。解決高度不確定性且複雜的最佳化問題之方法稱爲「隨機規劃（stochastic programming）」。當電腦的功能越來越強時，你可以看到產業界越來越常使用隨機規劃。

大體上，運用線性規劃這種工具可分爲下列步驟：

- *建構模型*：這是藝術也是科學。若問題模擬得過度詳細，結果很難處理；但若問題模擬得不夠詳細，結果會不夠實用。在複雜的情況下，會有很多選擇決策變數及表達限制式的方法，其中有些選擇會較其它選擇更爲適當。
- *收集資料*：通常這是最花時間的步驟，這個步驟取決於工廠資訊支援系統的品質。
- *執行模型*：必須尋找或設計適合的軟體工具。
- *分析結果*：若一個模型真的有效，就不該只提供決策變數的最佳值，而能洞察整個問題。洞察力可以從檢視輸出結果獲得，特別是影價以及敏感性分析的結果。例如，假設影價與主管先前的預測有極大的差異，一種可能性是模型不正確；另一種可能性是主管對情況的直覺是錯的。不論那一種情況，主管都會學到一些寶貴的經驗。
- *實行*：一旦你了解模式的輸出結果並認爲它們合理、實用，你就可以開始實行最佳化的計劃。

目前產業界使用線性規劃的頻率還不是很普遍。有些企業，如大型航空公司和煉油業者，每天用上千個決策變數和限制式的線性規劃來解最佳化問題。而其它機構就算適用線性規劃，也沒有好好利用。

有些人可能會懷疑：運用像線性規劃這樣的分析工具，其最大的阻礙是很多主管不信任或不懂這些分析工具。不論是只做一次的分析還是長期的決策支援系統，應用最佳化技術最重要的事是必須建立主管和員工的密切合作。由上而下強制執行最佳化方法，將會漏失較低階層員工對問題的重要觀點。再者，對於那些未被諮詢或是不懂模型的人，就算執行最佳的分析結果也是無法發揮作用。

OUTDOORS 公司

Outdoors 公司的產品線之一是草地上使用的傢俱，這個產品線有三種產品——椅子、桌子、板凳。製造這些產品需經過彎管部門與焊接部門兩道製程，表 3.6 說明每個產品所需的生產時間和每個部門可提供的時間。

表 3.6

所需時數與可提供時數

	產品 椅子	桌子 （每單位所需時數）	板凳	產能 （可提供時數）*
彎管	1.2	1	1.5	1,000
焊接	0.8	2.3	0.2	1,200

*在此銷售季節。

Outdoors 公司生產製造並銷售每種產品的貢獻分別是椅子 40 美元、桌子 90 美元、板凳 50 美元。

公司正試著規劃本銷售季節的生產組合，同時公司認爲它能賣出所有製造出來的產品。不幸地，由於原料供給業者長期罷工的影響，公司的產量受到一些限制。公司目前有 2,000 磅的金屬管，而這三項產品每一單位所需的金屬管數重量如下：椅子 2 磅、桌子 5 磅、板凳 3 磅。

GENESSEE 電線電纜

GENESSEE 電線電纜是一家專門生產電線產品的中型製造商。這家公司目前在紐約州擁有二家工廠，一家位於 Saratoga，另一家則在水牛城。Genessee 銷售人員的報酬主要是薪水，但也有部分的佣金。

Saratoga 廠

由於地處農村且工會限制條款不多，Saratoga 廠在人工成本方面相對較低。最近 Saratoga 廠進行了一番改革。Saratoga 廠以全部的產能投入製造標準銅線、多軸鎳線以及電話線等三種產品。這些產品全屬生活必需品，因此 Genessee 的產量並不會對市場價格造成重大影響，甚至 Genessee 要將產出的所有產品銷售完畢都有點困難。產品的產量是以「hundred weight」來計算，簡稱「cwt」。Saratoga 廠產能的主要限制是紡織機、除銹器、塗料機等三種機器的可運用時間。附錄 1 顯示每種機器每月的可利用時間及生產每一種產品每 cwt 所需的時間。

爲計入管銷費用與產品研發成本，Saratoga 廠的製造費用等於工廠直接成本的 30%。

Genessee 的經營部門計算這三種產品每一 cwt 的貢獻，並利用線性規劃模型為 Saratoga 廠擬出最佳生產計劃。你可以假設此一模型相當正確的反映實際情況。附錄 2 提供模型的輸入資料。

水牛城廠

水牛城廠的人工成本高於 Saratoga 廠，設備也較老舊，因此 Genessee 以並沒有以最大產能來經營水牛城廠。水牛城廠目前只生產某些特定產品，例如鋼琴線和高壓電纜，但 Saratoga 廠就無法生產這些產品。因為工廠相關的製造費用（例如保險費）必須由少數產量分攤，因此水牛城廠的製造費用等於工廠成本的 35%，稍微高於 Saratoga 的 30%。另一方面，因為水牛城廠的設備較舊，所以折舊率也比較低。

新的產品線：高傳導性電線

Genessee 的技術部門最近計畫生產一種高傳導性電線，這是 Genessee 從未製造過的產品。管理部門認為，比起同樣生產此種產品的小廠商，Genessee 佔有較大的成本優勢，而且未來 3 年內 Genessee 將成為美國的領導廠商。

由於高傳導電線的市場較小，因此新產品的需求，很容易隨著 Genessee 的價格而變動。基於近來高傳導性電線市場的波動，Genessee 銷售部門已經依照 4 種不同價格水準估計新電線每個月的需求量，如附錄 3 所示；Genessee 將運用現有的銷售人員銷售此一高傳導性電線，且 Genessee 的銷售人員售出每 cwt 高傳導性電線可抽取 7.50 美元的佣金。

兩種選擇

若 Genessee 要生產高傳導性電線，則必須添購特別的生產設備。管理部門已經決定如果 Genessee 打算要生產這種新電線，只能先在一個工廠製造。若選擇在水牛城廠生產，需要 650,000 美元的資金來改善舊有設備並買些新設備。高傳導性電線的生產過程中，需要用到水牛城廠先前已安裝的除銹器，但由於工廠產能的限制，現有的作業不能受到影響。

另一個方法是在 Saratoga 廠生產，利用其現有的除銹器。每 cwt 的高傳導性電線估計需要 0.7 小時的除銹時間，但現有的紡織機與塗料機並沒有被使用。由於 Saratoga 廠的條件比較好，建構新電線生產線的成本只需 500,000 美元。

附錄 4 表示每個工廠生產新電線的預估總成本•這個新產品毋須另外須增加監督人員•

附錄 2

線性規劃模型的輸入資料——Saratoga 廠

機器	生產每 cwt 所需之機器時數 標準銅線	 多軸鎳線	 電話線	每月可提供之機器時數 （Saratoga）
紡織機	0.1	0.2	0.40	7,180
除銹器	0.1	0.2	0.10	6,220
塗料機	0.0	0.3	0.20	5,240
利潤／cwt	$10.50	$22.00	$12.00	

附錄 3

高傳導性電線每月需求估計

每 cwt 價格	需求（cwt／每月）
$300	600
$250	1,000
$225	1,300
$200	1,600

附錄 4

高傳導性電線預估總成本

成本	Saratoga 廠	水牛城廠
原料	$45.00	$45.00
直接人工	$23.00	$39.00
維修與電力*	$7.50	$9.00
折舊	$8.23	$2.57
製造成本	$83.73	$95.57
銷售費用**	$20.93	$23.89
一般管理費用***	$25.12	$33.45
總成本	$129.78	$152.91

*「維修」包括所有能使機器達到完全可用狀態的修理和維護費用。Genessee 通常會因為機器過時便汰換機器。當機器不用時將其關掉可節省此項成本。
**銷售費用以製造成本的 25%計算，不考慮特殊產品的佣金。
***Saratoga 廠製造成本的 30%，水牛城廠製造成本的 35%。

Omega 石油公司

1989 年 7 月 15 日，Omega 石油公司營運分析部門主管 Mr. Sam Watson 著手準備公司在路易斯安那州煉油廠的生產計劃。

背景

煉油業是美國最大製造業之一。1989 年全美國超過 300 家的煉油廠每天提煉超過 1800 萬桶的原油。原油為成分複雜的化學混合物，提煉過程是將原油分離成汽油、燃料油、瀝青、噴合油、潤滑油和許多其它的石油相關產品。由於這些產品的需求量大，煉油業者可以用規模經濟的模式營運。

1988 年底，Omega 營運副總裁 Mr.Chauncey Andrews 在路易斯安那州煉油廠檢視汽油生產流程。他相當關切從原油中分離出汽油的方法，以及一般汽油與高級汽油的成品比例。Andrews 要求 Sam Watson 研究未來的趨勢，並為汽油的生產擬定明確計劃。

提煉過程

附錄 5 簡述 Omega 煉油廠的汽油提煉過程。汽油的生產程序是直接從原油蒸餾，或是在蒸餾過程後多加一道裂解的程序。藉由這些過程可生產出多種不同等級的汽油。

Omega 煉油廠的蒸餾過程是在高壓下加熱原油，直到汽油蒸發從其它成分中分離出來。這些蒸氣收集後，經由冷凝器凝結下來以便製造蒸餾物。Omega 一桶原油需花費 12 美元的成本。分餾塔可使用五桶的原油，來生產 1 桶的蒸餾物和 4 桶其它的石油副產物。現在 Omega 以一桶 12 美元出售這些石油副產物。Omega 的分餾塔一天可生產 50,000 桶的蒸餾物，而這些蒸餾物在分餾過程中每桶需花費 4 美元的成本。有些蒸餾物可混合成汽油產品，有些則可成為裂解的回收物。

Omega 的裂解過程是利用高溫將高分子量的碳氫化合物分裂成分子量較小的化合物。這個過程可使回收物產生高品質的汽油原料。Omega 的裂解過程需要 2 桶的回收物以產生 1 桶的汽油原料和 1 桶的石油副產品。這些石油副產品目前 1 桶值 20 美元。裂解過程一天的產量高達 15,000 桶汽油原料，而每桶需 5 美元的成本。附錄 6 顯示分餾和裂解原料的變動成本計算過程。

汽油的辛烷值決定其燃燒時的爆發順暢程度。經由 Omega 分餾塔所生產的蒸餾物辛烷值為 84，然而從裂解中可產生辛烷值 94 的汽油原料。Omega 汽油提煉過程的最後是由混合分餾物和裂解原料以形成一般汽油和高級汽油。一般汽油和高級汽油的辛烷值至少各需達到 86 和 90。在混合過程中體積或辛烷值都沒有減少，因此混合過程的變動成本是可忽略的。譬如，一桶辛烷值 89 的汽油就是由半桶蒸餾物和半桶裂解原料混合而成(即 1/2 x84+1/2 x94)。Omega 一般汽油一桶賣 20 美元，高級石油一桶賣 25 美元。

Omega 的最終汽油產品經由路易斯安那州煉油廠的二條小輸油管輸送至美國東部的幾個油槽及分裝工廠。一條輸油管只用來輸送一般汽油，另一條則只輸送高級汽油。每條油管一天最多能輸送 25,000 桶。最近市場狀況顯示，Omega 每天都能將輸油管最高輸送量銷售完畢，且 Watson 預期這種情況將持續下去。

附錄 7 第一欄表示現在的煉油狀況。附錄 7 第二欄則表示 Waston 認爲更有利可圖的另一生產計劃。毫無疑問地，他當然希望工廠的經營能更賺錢。

附錄 5

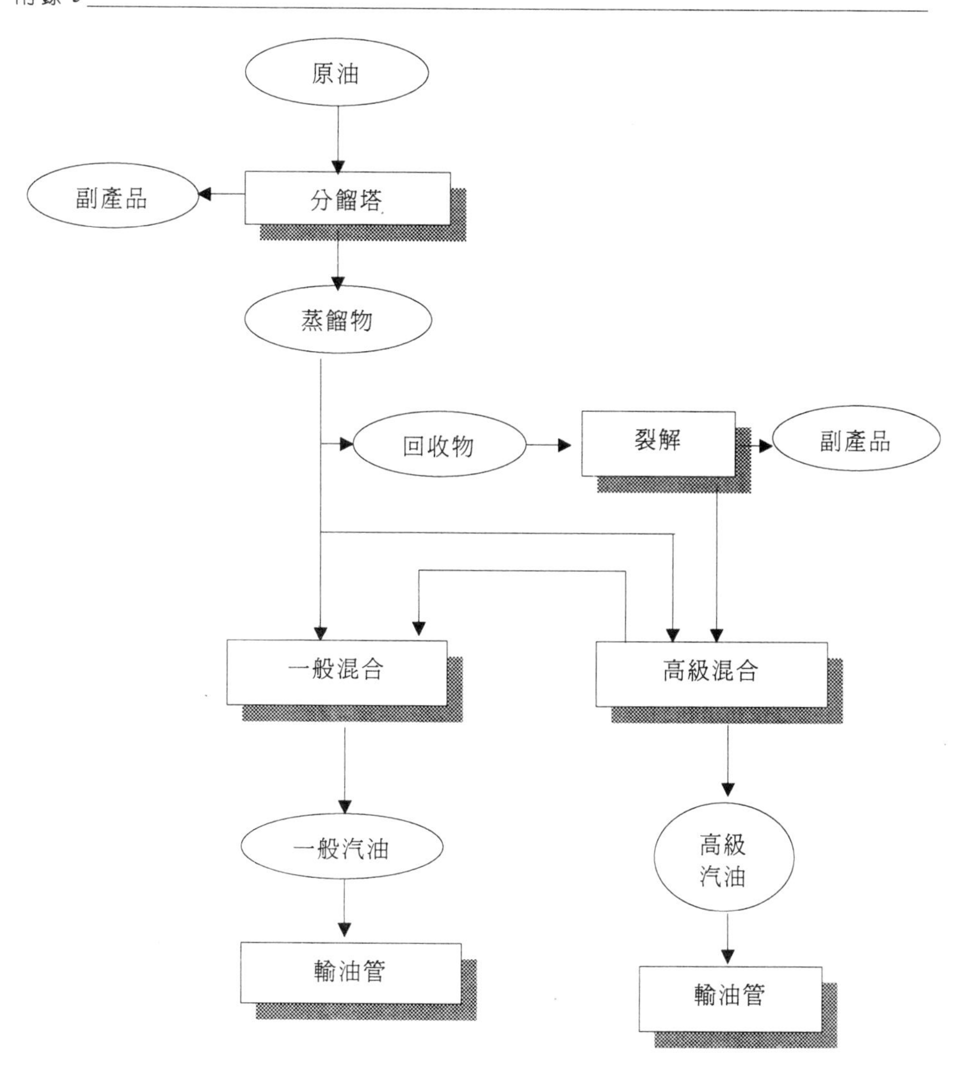

附錄 6

混合過程中投入的變動成本

一桶蒸餾物（辛烷值 84）

5 桶原油	$12／桶	$60
分餾塔的操作		$4
		$64
減 4 桶副產品	$12／桶	$48
		$16

從裂解所獲得一桶汽油原料（辛烷值 94）

2 桶蒸餾物	$16／桶	$32
裂解的操作		$5
		$37
減 1 桶副產品	$20／桶	$20
		$17

附錄 7

提煉決策

	桶／天	
	目前	計畫
原油	250,000	250,000
回收物	30,000	30,000
蒸餾物==> 一般	14,000	8,000
汽油原料==> 一般	3,500	2,000
蒸餾物==> 高級	6,000	12,000
汽油原料==> 高級	11,500	13,000

個案

REEBOK

1989年6月，Reebok 是世界上最主要的運動鞋供應商，年銷售額約為 2 兆美元。Reebok 總公司位於麻薩諸塞州波士頓以南約 15 哩處的 Canton 市。

1979 年時，Reebok 只是英國一家高品質運動鞋的外銷公司，現在已成為運動鞋界中最成功的企業。Reebok 大步的躍進應歸功於成功地發明有氧舞蹈鞋。公司很早就體認到市場對於時髦專業用鞋需求並沒有受到重視。因此 Reebok 在 1980 年引入的有氧舞蹈鞋造成極大的成功，公司的生產線也不斷擴大，甚至連被認為早就飽和的網球鞋和籃球鞋市場也不斷擴充。

早年 Reebok 意想不到的大受歡迎以致於供不應求。只要 Reebok 的產品一上市，市場就能吸收。對於顧客的訂單 Reebok 總是無法準時交貨，或者只能交部份的貨。儘管常延誤交期，Reebok 的客戶還是在交貨後，很快地下更多的新訂單，企圖藉此彌補預料中的 Reebok 產能短缺。

Reebok 的成功歸功於它早已認知 80%的運動鞋消費者以舒適和美觀為選購標準，而不考量運動功能。不久，其它運動鞋公司像 Nike 也跟進生產時髦的運動鞋，競爭因此日趨激烈，Reebok 的供需開始達到平衡，而且局勢也日漸改觀。這時公司第一次感受到庫存太多。1988 年 12 月，庫存量已超過 3 億美元。Reebok 不得不冒著品牌信譽有所損害的風險，將一些鞋子分類並折價出售。現在生產管理和庫存管理已成為 Reebok 規劃循環裡的重要課題。因為現在需求主導供給，生產活動必須更嚴格的管理。

生產線

1989 年 6 月 Reebok 國內產品線包含了近 200 種樣式。許多樣式提供不同的顏色。任何一種樣式和不同的顏色組合在一起就是不同的新鞋款。現有鞋款的數量約為樣式的二倍。附錄 8 為國內產品線的詳細分析。若再加上國際產品線樣式，總數大約有 400 種樣式和 1000 種鞋款。

產品線依鞋子功能而分類（有氧舞蹈鞋、籃球鞋、高爾夫鞋、網球鞋、運動鞋、徒步鞋）。特殊的產品線包括便鞋和兒童鞋（「Weeboks」）。

Reebok 的儲貨單位（SKUs）根據鞋款的尺寸。每種鞋款都依各種標準尺寸來分類製造。

客戶

客戶必須在出貨前 6 個月訂購，但是能在裝船運送前取消全部或部份訂單。1989 年 Reebok 設定更嚴格的最遲取消時間，以便配合訂貨程序。

對於大客戶，Reebok 安排工廠直接出貨裝船運送到客戶手上。這些直接出貨的產品約佔公司國內業務的 45%。較小客戶的訂單則由公司麻薩諸塞州的倉庫供應。國際業務則由各國的經銷商負責向位於 Canton 的總公司訂購，再由工廠直接裝船出貨。

客戶的訂單都會盡可能的整批出貨。Reebok 特別使用一種「鞋款百分比」的標準來決定是否該出貨，如果客戶所訂購的某一鞋款有 90%已完成就可以出貨，不論公司能否完成訂單上其餘的鞋款。

運動鞋的生意是有季節性的。最主要的銷售旺季在 7 月，所以也被稱爲開學大採購（back-to-school）；其它的小旺季在冬末春初（附錄 9）。從 1986 年到 1988 年，Reebok 在旺季時偶爾會發生供貨不及的現象，客戶便會拒收所訂的貨。因爲客戶現在的訂單在 6 個月後才交貨，旺季時會有產能不足的情形（附錄 10）。有些產品推出後，由於生產、出貨、交貨的延遲，導致倉庫堆滿鞋子。在運動鞋這種流行的行業中，要消化過多的庫存是相當困難且耗費成本的。

製造商

如同大多數的運動鞋公司，Reebok 並沒有自己的生產工廠。它授權位於亞太地區的鞋業製造商生產（附錄 11）。這個生產決策意味著 Reebok 是個「買者」。製造工單必須在出貨前 5 個月訂購。基於市場競爭的考量，在訂購後的數月內，買主仍可重新安排製造工單，以反映客戶取消訂單、退貨、市場狀態改變等情形。在出貨前 3 個月就不可以更改製造工單（製造商取得原料的前置時間很長，且製程總共需時 90 天）。鞋子在出貨前 1 個月由亞太地區運出：對大客戶的直接出貨產品會直接運送到客戶手上；國際訂單會先交貨給國際經銷商；小客戶的訂單則會先交貨給 Reebok 在麻薩諸塞州的倉庫。

訂購協議

生產計劃報告會列出每種鞋款未來幾個月的庫存量、未來的銷售量。這份報告在每個月月底計算出未銷售的狀況（庫存加採購減銷售）。

第 5 個月底時，現有鞋款未銷售數量通常是負數的，因爲當月未來的銷售量已經計入，但卻尚未安排製造工單。這個負數將成爲製造工單的基準。從市場狀態和售貨資料得知消費者的需求量後，再調節最小訂購量。電腦會藉由計算每種鞋款未銷售數量以及以往的追加數量，來調節該訂購的數量。訂購的最後步驟是將個別鞋款的製造工單交給適當的製造商。

製造商的協商

在決定生產的鞋款後，Reebok 與製造商會根據原料花費、貨幣波動、設計的新穎性開會協商，最後製造商會以美元開出生產每雙鞋的估價單。所有製造商對 Reebok 都有最低產量的要求（每一鞋款至少 1800 雙），而 Reebok 也知道所有製造商的最大產能。製造商通常無法達到最大產能，因爲製造商也接受來自其它公司的訂單。

配給的裁定

排程部門 Jim Tandy 的職責是分配各製造商的產量。他每個月使用約 5 天的時間決定那種鞋款分配給那個製造商。許多鞋款每個月都由同一製造商生產。同樣的，只有少數製造商被委任製造新鞋款。

某些製造商所在國家出口到 Reebok 產品市場的數量受到市場國年度進口配額的限制。這些配額影響了歐洲、加拿大、亞洲的經銷商。

雖然價格是主要的考量，但是 Reebok 會盡可能避免某個鞋款僅從單一廠商或單一國家取得貨源，因爲此一鞋款的供應可能會由於生產或國際運送的延遲而完全斷絕貨源。延遲有時會嚴重影響某些客戶訂單的最後交期。Tandy 也會設法提供某些連續性的訂單給較配合的製造商。

這多因素的結合使得每月生產排程顯得錯綜複雜且耗費心力。Jim Tandy 想利用自動化方式來排程。他寫出一個測試模型（附錄 12）並傳送給一些同事。

附錄 8

1989 年秋季　國內產品線

種類	樣式	鞋款
有氧舞蹈鞋	16	38
籃球鞋	13	47
休閒鞋	14	29
兒童鞋	67	121
高爾夫鞋	17	30
運動鞋	18	36
網球鞋	25	38
徒步鞋	22	31
總計	192	370

附錄 9

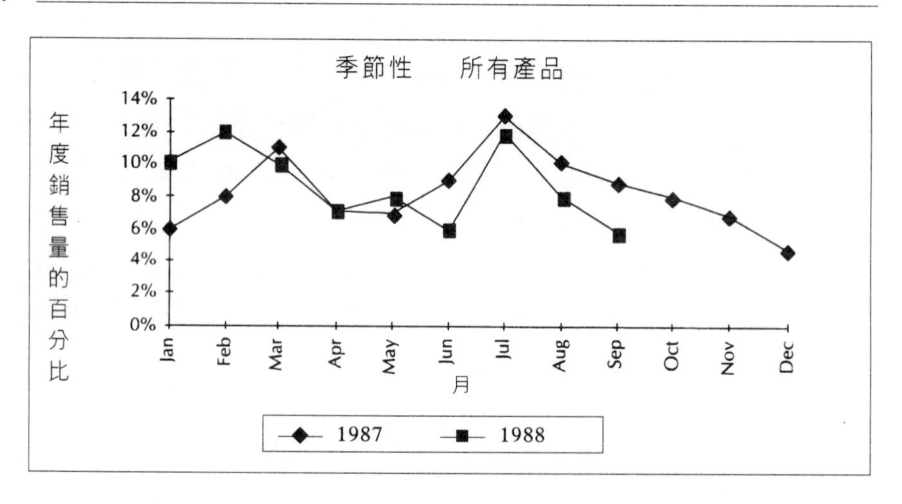

年	總銷售量（百萬）
1987	58.9
1988YTD*	46.9

*1988YTD 預訂代表 1~9 月銷售量。

資料來源：Reebok 每月銷售報告。

附錄 10

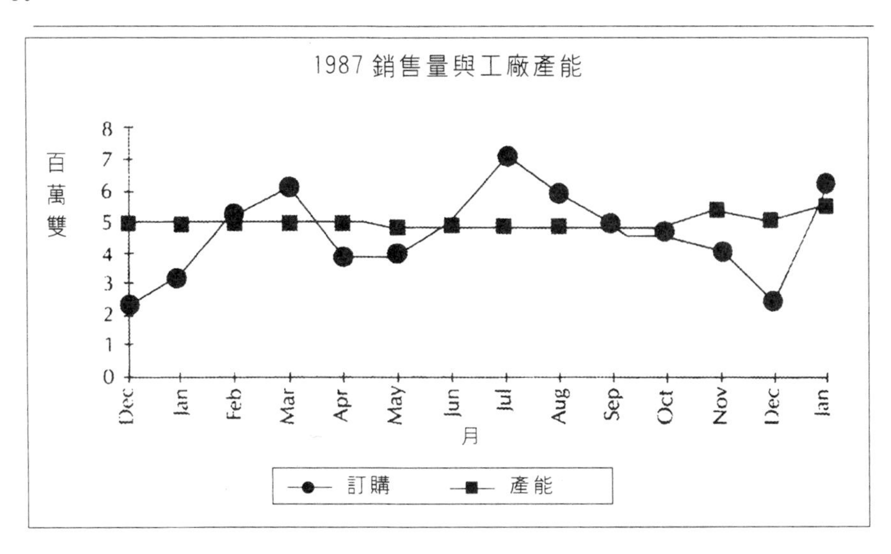

1987 年預估：

460 萬雙延遲交貨
交期延誤 2-6 週
銷售額損失 2200 萬美元

預估銷售額損失乃是假設 20%的延遲交貨會導致訂單取消，因此 20%×延遲交貨（460 萬雙）×平均價格（24 美元）=2200 萬美元銷售額損失。

資料來源：Reebok1986 至 1988 年每月銷售報告；1987 年產能報告。

附錄 11

製造商（1989 年 6 月 1 日）

所在地	數量
南韓	9
台灣	8
印尼	1
泰國	6
中國	3
	27

附錄 12

排程問題的模型

這只是一個測試問題，目的在知道線性規劃可以如何幫助我們。
以下數字並非實際數據。

讓我們看看下列 5 種鞋款的製造工單：

鞋款	訂單（千）
A	150
B	120
C	85
D	70
E	55

以下是三個製造商對這些鞋款每雙的報價及製造商的產能

鞋款	中國		泰國		台灣	
	價格	產能*	價格	產能*	價格	產能*
A	$10.50	120	$9.75	40	$9.25	120
B	$9.75	80	$10.25	80	$10.25	160
C	$11.25	80	$11.00	40	$11.75	80
D	$12.50	40	$13.25	80	$14.00	120
E	$12.25	40	$10.25	80	$12.00	40
月產能總和		180		160		200

*以千雙計

個案

Rubicon 橡膠公司

1995 年 2 月 10 日，Rubicon 橡膠公司的輪胎部門經理 George Nelson 飛往紐約會見 Eastern 汽車用品公司的代表，以協商購買雪地用汽車輪胎的合約。合約的初步版本是購買 15000 個一般品質的玻璃纖維輪胎和 11000 個高品質的輻射鋼圈輪胎。價格暫定爲玻璃纖維輪胎 35 美元、輻射鋼圈輪胎 45 美元。

George Nelson 先生在飛機上花了二小時檢視他的筆記。有個關鍵的數字他必須在簽訂合約之前確定沒問題，所以他迅速開始工作並避免和鄰座談天。

背景

Rubicon 橡膠公司是個位於俄亥俄州的小公司。它生產多樣橡膠產品，包括卡車堆高機的輪胎和小拖曳機輪胎。這家公司成立於 1950 年，初期成長快速，之後的發展便趨於緩慢。這家公司去年的銷售額爲 4200 萬美元。公司未來的發展和銷售量與俄亥俄州西部的拖曳機和卡車堆高機製造廠息息相關。雖然過去 Rubicon 多半銷售小拖曳機產業的輪胎和特殊橡膠產品，但是 Rubicon 過去 2 年已與 Eastern 汽車用品公司一一最大的汽車備胎經銷商——訂立合約，製造一般小汽車的雪地用輪胎。依據合約，這些產品依 Eastern 汽車用品公司指定的規格生產並打上 Eastern 汽車用品公司的商標。

Rubicon 發現這些前置時間很短的合約有可利用剩餘產能的優點（在 1992 年擴充廠房和設備後，Rubicon 的產能已經過剩，而現在正可及時且充分的利用產能）。一般的生產計劃都會在 8 個月前預先決定精確的輪胎生產機器使用率。

Eastern 汽車用品公司的合約中要求排定夏季 3 個月內的二種雪地用輪胎生產排程，如附錄 13 所示。生產計劃中最重要的是確定輪胎生產機器產能是否滿足合約所需。只有 Wheeling 和 Regal 二種機器能符合合約的需求。在 7 月 1 日前，兩種機器幾乎都沒有多於產能可供生產。之後在其它合約中間的空檔才有剩餘的產能可供利用。附錄 14 是由生產領班 Joe Tabler 所編製的機器剩餘產能預估表。

這二種機器除了速度之外並無不同。在附錄 15 的統計表中可看出，二種輪胎的製造速度 Wheeling 都比舊的 Regal 快了一些。

玻璃纖維輪胎和輻射鋼圈輪胎的生產速度不同，主要原因是模具的鬆緊度不同。玻璃纖維輪胎的模具較輻射鋼圈輪胎的模具難處理。因為 Eastern 汽車用品公司會提供模具，基本機器設備的設定不須再做任何修改。機器整體設定的修正可增加效率，但以短期合約的觀點來看並不合算。

會計部門已為生產計劃準備成本資料（見附錄 16）。如附錄 16 所示，二種機器會有不同的成本，主要是因為當初購入的價格不同。玻璃纖維輪胎的原料預估為 15.50 美元，而輻射鋼圈輪胎為 19.50 美元。修邊、包裝和運輸成本預估每個輪胎不會超過 1.15 美元。這些成本的估算是根據過去幾年的實際成本，再加上物價膨脹率調整所得。

因爲公司會收到秋季要生產新牽引機輪胎的材料，且庫存正達到季節性的高點，所以公司沒有足夠的倉庫空間。然而，若將輪胎借放在當地的其它倉庫，每個輪胎每月大約需 0.5 美元。在工廠附近還有一個倉庫可借放，最多只能儲存一個月的輪胎產量。爲了在月底最後一天交貨，在月底 3 天前就必須排定出貨。

George Nelson 回想 Joe Tabler 曾提及：在規劃設備排程時，8 月底將會增加一台 Wheeling 機器。若是繳交 1000 美元手續費，機器可以提早在 7 月底送達。Joe Tabler 預估若機器提早運達，8 月份將可增加 Wheeling 機器 172 小時的產能。

設備折舊大約佔製造費用的一半，製造費用的另一半則是辦公費用。製造費用以直接人工爲分攤基礎，等於直接人工成本與監工成本總和的 50%。公司的辦公室作業仍未電腦化，所以現有的 Eastern 合約將需要相當多的行政作業。

George Nelson 在心中將幾件事情再回想一下，以便對他的分析做出結論：

1. 當公司總裁 John Toms 與 Eastern 開完會回來時，他必須完成收益和成本的摘要報告。
2. 擬一個備忘錄給 Joe Tabler：告訴他如何安排機器生產排程，以及何時或者是否該加入新機器。
3. 列出倉庫空間需求時間表，以便向 Bekson 倉庫公司預借倉庫空間。
4. 擬定維修部門的暫時排程，安排各機器的年度維修檢查時間。

Nelson 先生希望在開會前解決的事情中，最後一件事情是如果 Eastern 在會議中要求更多的輻射鋼圈輪胎，他該用什麼樣的策略？Eastern 的代表幾天前曾暗示他們可能會需要更多的輪胎，因爲過去一年的銷售量實在太好了。

附錄 13

雪地用輪胎生產排程

日期	玻璃纖維	輻射鋼圈
1995 年 6 月 30 日	4,000	1,000
1995 年 7 月 31 日	8,000	5,000
1995 年 8 月 31 日	3,000	5,000
總數	15,000	11,000

附錄 14

機器剩餘產能預估表

月份	Wheeling 機器	Regal 機器
6 月	700	1,500
7 月	300	400
8 月	1,000	300

附錄 15

兩種輪胎以兩種機器生產所需的時數（小時／輪胎）

機器	玻璃纖維	輻射鋼圈
Wheeling	0.15	0.12
Regal	0.16	0.14

附錄 16

各機型的生產計畫成本

	機器	
	Wheeling	Regal
原始成本	$250,000	$225,000
折舊方法	直線法	直線法
期限（年）	5	5

	每小時成本	
機器攤銷	$20.85	$18.75
直接人工	$18.75	$18.75
監工	$1.25	$1.25
製造費用	$10.00	$10.00
總計	$50.85	$48.75

J.P. 糖漿公司

Cyril Morel 是 J.P 糖漿公司的總經理，他正在思索是否會有更好的方法分配二家精煉工廠的煉糖訂單。目前的生產計劃擬定相當費時且難以評估成效。若沒有一份全新的生產計劃以做爲比較之用，幾乎無法評估目前工作排程的績效。而且像煉糖業這種逐漸萎縮的夕陽工業，成本控制是很重要的。Cyril Morel 考慮設計一套電腦輔助決策支援系統，以便更快速且正確地分配煉糖訂單，也可因此增加公司的運作效率。

公司背景

1872 年 Jeremiah Proctor 在喬治亞州成立 J.P 糖漿公司，主要營業項目是從蔗糖糖漿中提煉蘭姆酒。公司多半是向位於德州和路易斯安那州的大型煉糖廠購買糖漿（煉糖過程中的副產品）。然而在 1900 年代初期，因爲煉糖的專業性，美國的煉糖業有集中化的趨勢，公司經營者發現要從煉糖廠購買糖漿來獲取微薄的利潤都很困難。

1953 年，J.P.糖漿公司總裁 Jonathon Wilks 決定自己生產糖漿以增加利潤，因此公司在查理斯頓和亞特蘭大開辦兩家煉糖廠。煉糖廠從蔗糖工廠購買粗糖以生產糖蜜、糖漿、純糖。

這是一項非常成功的投資，從粗糖到蘭姆酒的全部生產過程都在廠內進行，且銷售煉糖過程產生的其它副產品正好可以抵銷糖漿的生產成本。

1958 年，同樣在 Jonathon Wilks 的領導下，J.P.糖漿公司開始發展高級製糖工廠，除了提煉糖漿和蘭姆酒，並且還經由化學作用發酵糖漿成丙酮、乳酸、反丁烯二酸，然後再進一步製成肥料、木炭等。

提煉過程

製造糖漿及蔗糖的第一步是用機器壓擠甘蔗以分離出甘蔗汁與蔗渣。甘蔗汁經過淨化、濃縮及結晶的過程後變成「粗糖」。粗糖（含有許多雜質的淡褐色結晶體）可以賣給煉糖廠提煉。

在提煉過程中，先用水或糖蜜清洗粗糖，之後用熟石灰和磷酸鹽清潔過濾，最後用離心機清除雜質。此淨化過程一再重覆，以便將雜質清除殆盡。純糖結晶最後加工成各式各樣的糖（方糖、砂糖），而不純的糖蜜則製成糖漿。

J.P.糖漿公司和位於美國南部的 8 家糖廠有長期的粗糖訂購合約。粗糖會被運到位於查理斯頓和亞特蘭大的兩家煉糖廠提煉成所需的糖。糖漿是不純糖蜜的副產品，大部分糖漿會被運到 7 間下游加工廠製成蘭姆酒、化學藥品或其它產品。J.P.糖漿公司直營其中 5 間加工廠，這 5 間加工廠不用支付任何費用。但其它兩間屬於別家公司的加工廠則需支付糖漿的費用。查理斯頓和亞特蘭大煉糖廠負擔所有的運費。在滿足 7 間加工廠的需求後，多餘的糖漿則會上市銷售。提煉過後的純糖則賣給糖果製造業。

由於各種運輸過程中的損失，每噸粗糖只有 97.3%能提煉加工。即使如此，並非所有的粗糖都能提煉成純糖和糖漿。查理斯頓廠能將可利用的粗糖提煉出 35.4%的糖漿、40.2%的純糖。亞特蘭大廠則能提煉出 30.7%的糖漿、45.6%的純糖。產量不同的主要原因是生產設備及提煉程序的不同。查理斯頓廠所製造的糖在品質上略高於亞特蘭大廠，而且市場價格也較高。

粗糖提煉後所留下的纖維物質稱爲蔗渣，可在市面上銷售。蔗渣可當作生產飼料與紙的原料或燃料。

這兩家煉糖廠需支付粗糖的採購成本、運送成本（見附錄 17），以及運送糖漿到 7 間加工廠的成本（見附錄 18）。附錄 19 爲糖、蔗渣、糖漿的價格表。

生產計劃

每年 J.P.糖漿公司的生產計劃小組需將 8 個供應商可提供的粗糖量分配給查理斯頓煉糖廠與亞特蘭大煉糖廠，並設定粗糖提煉的生產計劃。同時還必須決定加工廠的糖漿是由那一家煉糖廠供應。這個小組的任務是以利潤中心的觀點來看，盡可能做到滿足所有加工廠和煉糖廠的需求（見圖 3.1 J.P.糖漿公司系統流程圖）。

圖 3.1

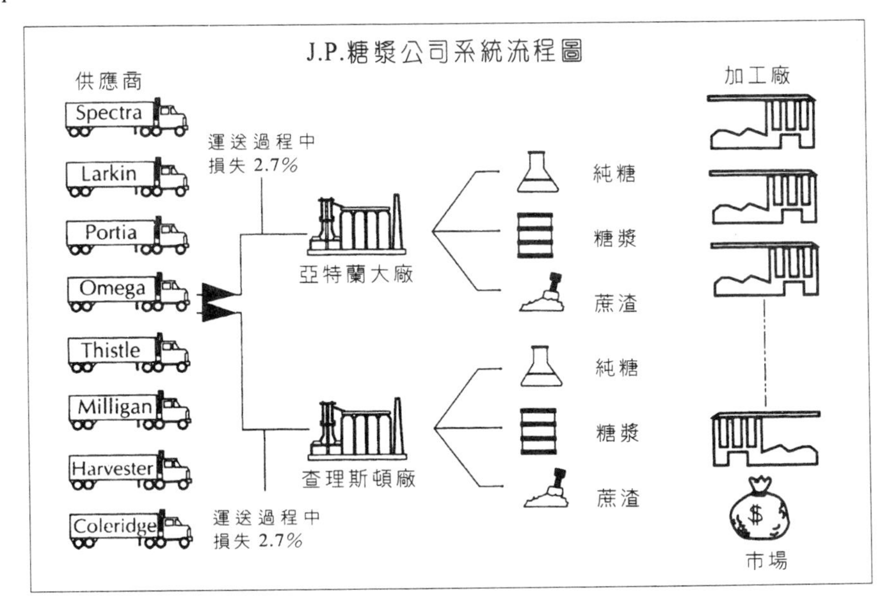

爲了營運的效率，兩家煉糖廠的產能利用率都必須在 50% 到 100%之間（查理斯頓廠每月產能 8,030,000 磅，亞特蘭大廠每月產能 8,780,000 磅）。查理斯頓廠的粗糖變動成本是每磅 0.031 美元，而亞特蘭大廠是 0.038 美元。查理斯頓廠的固定成本是每月 10,000 美元，而亞特蘭大廠是 14,200 美元。倉儲量的限制使得查理斯頓廠每月最多只能生產 2,000,000 磅。這些產能限制在附錄 20 有簡單的說明。

附錄 17

粗糖供應商

供應商	可供應數量（千磅／月）	採購價格（美金／千磅）	運送成本（美金／千磅）查理斯頓	亞特蘭大
Spectra	1,000	$25.20	$4.00	$10.60
Larkin	1,583	$24.50	$5.00	$13.70
Portia	2,140	$25.50	$19.60	$11.50
Omega	1,370	$23.30	$4.00	$10.60
Thistle	2,000	$24.20	$4.20	$12.10
Milligan	1,850	$23.30	$7.65	$11.00
Harvester	1,260	$23.30	$14.70	$4.80
Coleridge	1,700	$24.20	$16.30	$10.30

附錄 18

糖漿加工廠

加工廠	需求量**（千磅－月）	價格（美元／千磅）	運送成本（美元／千磅）查理斯頓	亞特蘭大
Quentia	480	$0	$26.00	$30.10
Ashberry	850	$0	$51.70	$31.70
Wilksboro	640	$0	$16.60	$7.30
Casey	575	$0	$16.20	$21.50
Walsh	970	$0	$24.50	$13.20
Shorewood*	107	市場價格	$26.30	$28.00
St. Mary's*	80	市場價格	$21.30	$46.20

*並非 J.P.糖漿公司的直營加工廠

**公司政策不容許煉糖廠從市場上購買糖漿以因應短缺狀況

附錄 19

市場價格表

產品	價格 （美元／千磅）
查理斯頓糖	$200
亞特蘭大糖	$150
糖漿	$36
蔗渣	$25

附錄 20

產品資料

	查理斯頓	亞特蘭大
實際產出損失（購買粗糖之百分比）		
供應商——煉糖廠運送途中的損失	2.7%	2.7%
實際回收率（粗糖產出之百分比）		
糖漿	35.4%	30.7%
純糖	40.2%	45.6%
產品成本		
變動（美金／千磅粗糖）	$31	$38
固定（美金／月）	$10,000	$14,200
產能限制（千磅／月）		
粗糖提煉	8,030	8,780
純糖	2,000	無限制
產能利用率（百分比）		
最小	50%	50%
最大	100%	100%

Mitchell 企業

1994 年 12 月初，Mitchell 企業的董事長 Gordon Mitchell 召開一個特別會議——投資評估委員會。委員會的成員有財務長 Charles Gilbert、會計長 Roberta Phillips、Gordon Mitchell 的特別助理 Paul Chesler。在會議中，成員們使用許多不同的方法評估各個投資企劃案。

Charles Gilbert 認爲應該要用一些適當的方法去考量整個企劃案期間所需的資金，而 Roberta Phillips 建議用折現的方法。令人遺憾的是，委員會無法針對能反映公司目前財務狀況的折現率達成共識。當然，他們也知道要找到一個在企劃案期間內都維持不變的折現率很困難。因爲相關產業折現率的一般標準是 10%，起初他們考慮以 10%做爲稅後現金流量的折現率，但他們還是覺得 10%並不適當。Paul Chesler 建議用線性規劃的方法決定企劃案的投資組合與各企劃案的投資金額。此外，他也認爲線性規劃可以幫助公司決定適當的折現率。

因爲他們多半用抽象的名詞在討論問題，到目前爲止已經有許多的爭論。最後 Gordon Mitchell 指派 Paul Chesler 將已評估過的企劃案列表。這份企劃案列表將會分發給委員們作爲下次會議討論的主題。之後，Paul Chesler 將備忘錄分發給各委員。

備忘錄

收件人：投資評估委員會

發件人：Paul Chesler

主題: 投資計劃案

日期: 1994 年 12 月 5 日

Gordon Mitchell 指派我準備一份下次會議要討論的投資計劃。表 3.7 除了顯示 5 個較具投資吸引力的計畫，也舉例説明期初若投資 1 美元而後每年的現金流量。計劃 A 為 1995 年初起算的二年期投資計劃，最高投資上限為 50 萬美元，每投資 1 美元在記劃 A 即可在第一年年底回收 0.3 美元，第二年年底回收 1 美元。計劃 B 與計劃 A 相同，但需等到 1996 年初才能開始進行。計劃 C 為 1995 年初起算的一年期投資計劃，每投資 1 美元即可在年底回收 1.10 美元。計劃 D 為 1995 年初起算的三年期投資計劃，每投資 1 美元可以在 1998 年初回收 1.75 美元。計劃 E 為 1997 年初起算的一年期投資計劃，最高投資上限為 75 萬美元，每投資 1 美元即可在年底回收 1.40 美元。當然我們的投資所得可以進行再投資。此外，未投資的閒置資金放在銀行，其短期利率為每年 6%。

表 3.7

每投資 1 美元的現金流量表

日期	計劃 A	B	C	D	E
1995 年 1 月 1 日	($1.00)	0	($1.00)	($1.00)	0
1996 年 1 月 1 日	$0.30	($1.00)	$1.10	0	0
1997 年 1 月 1 日	$1.00	$0.30	0	0	($1.00)
1998 年 1 月 1 日	0	$1.00	0	$1.75	$1.40
最高投資上限	$500,000	$500,000	無	無	$750,000

為了方便討論的進行，假設在 1995 年初的投資金額為 100 萬美元，之後每年的投資金額都小於 100 萬美元。

表 3.8 是上述這些計劃經過折現的結果

表 3.8

日期	A	B	C	D	E
	計劃				
1995 年 1 月 1 日	($1.00)	0	($1.00)	($1.00)	0
1996 年 1 月 1 日	$0.30	($1.00)	$1.10	0	0
1997 年 1 月 1 日	$1.00	$0.30	0	0	($1.00)
1998 年 1 月 1 日	0	$1.00	0	$1.75	$1.40
淨現值(折現率 10%*)	$0.099	$0.099	$0.000	$0.315	$0.273
IRR 內部報酬率**	16.1%	16.1%	10.0%	20.5%	40.0%

*折現率與相關產業的一般標準 10%相同

**使所有現金流量淨現值等於 0 的折現率

第 4 章

資本預算

資本預算計畫評估：現金流量與貨幣時間價值

一個公司是否要推出一項新產品？是否要進行一項房地產開發計畫？是否該買一台可生產相同零件但製造成本較低的新機器置換掉原本的機器？是否應接受購併者提出的條件賣掉獲利率高的部門？

這些決策相當類似，因爲它們均是在初始即須投入大筆資金，並預期未來幾年的收益及現金流量。雖然目前投入之資金對未來收益與現金流量的影響無法確定，但分析師試圖藉由預估損益表或現金流量表來推測這些影響。在上述的前三個範例中，若決策是肯定的，期初會有一筆現金流量支出，而後未來幾年預期收益與現金流量收入會增加；第四個範例則正好相反，若決策是肯定的，期初會有一筆現金流量收入，而後未來幾年預期收益與現金流量收入會減少。然而，任何計畫的執行與否端視策略性的考量、個人偏好或一些無形的因素。其中一個考慮重點在於該計畫存續期間內的預測淨現金流量是否足以支持該計畫。本章所探討的兩個主題爲（1）如何衡量與預測現金流量（以及爲何現金流量是一個攸關的決策基準）；（2）如何決定此計畫產生的現金流量達到可以被接受的標準。

預估損益表與現金流量表

當一個新的投資計畫形成時，管理者試圖藉由預估損益表與現金流量表來評估該計畫對公司財務的長期影響。有些投資機會創造新需求，有些則試圖降低成本；還有一些投資機會的目的在改善品質，而品質的改善對價格高低具有影響力。預估報表試圖預測在計畫進行的過程中有那些改變，並模擬這些改變對收益與現金流量的影響。

預測通常包含不確定性。在設計預估報表時，至少要能夠對「若預測值不同時該如何？」之問題提供一個迅速的解答。

一旦你能預測資本投資計畫如何影響需求、成本或價格，你必須構建一個模型以追蹤這些改變對收益與現金流量的影響。你可以決定此模型所包含資訊的詳細程度。你可以建立一個極精密且詳盡的模型。例如，一項增加需求的資本投資計畫將引發定期採購原物料的方式及應付帳款，爾後應付帳款再以現金支付；員工的薪資每週發放一次工資；將原物料變成製成品的機器設備所需之電費每月支付一次；最後將製成品銷售後產生應收帳款，爾後再予以收現。這些交易將產生利潤（或損失），進而造成稅賦（或稅減）。或者你也可建立一個相當粗略的模型，以逐年的方式記載該項資本計畫對於收益與現金流量的影響。一種比較中庸的方式是逐月或逐季的觀察其影響。

在評估資本預算計畫時，精密模型的方法過於詳細。本章的重點將放在——逐年的影響。在此所面臨的挑戰是如何在粗略的模型中捕捉精密模型所累積的影響。

現金流量

購買產品與服務、投資資本設備、勞工的雇用、產品的銷售與削減企業單位都涉及現金交易。企業交易的現金來自保留盈餘、銀行借款、及出售有價證券(股票與債券)或其它交易。公司財務管理的目的在於能提供足夠的現金,使各交易能夠執行。但是對於一個長期計畫的現金流量使用,則必須視全公司管理者所掌握的投資機會而定。資本預算提供一個選擇「最佳」投資機會的方式。

攸關現金流量

在第 1 章中提到,當一個計畫有不同的替代方案,且不同替代方案的成本與收益有不同的價值時,成本與收益對方案的選擇便是攸關的。若不論選擇何種替代方案,其成本和收益均相同,則稱為無關。所以在分析決策問題時,攸關成本和收益必須加以考慮;而無關成本和收益則予以忽略,因為它們對整個分析沒有任何影響。

在一個跨期間的決策問題中,亦可以相同的方式界定攸關現金流量[1]。但不管選擇任一可行方案,某些現金流量都是相

[1] 「流量」一詞是指在某一特定方向不間斷的流動,這種比喻雖然合適但不夠完整。事實上,你會考慮的現金「流量」包括不同特定時點的現金交易;這些交易可以有二個方向—增加或是減少公司的現金。

同的。例如在決定是否購買新機器設備時，公司執行長的薪水並不會因爲是否要購買新機器設備而有所改變；因此，此項薪水的現金流量便是無關的。同樣的，以新機器生產的產品，不論是否購買此機器，均可能須負擔一些製造費用；若此機器並未取得，這些製造費用也是會分攤到其它計畫或產品。因此，這些製造費用也是無關的。然而，有些直接人工成本會因此改變，這些直接人工成本便是攸關的。在資本預算決策的方案中，有些方案是不採取任何作爲而維持現況。所以，攸關現金流量是指採取某些行動的方案與不採取任何作爲的方案之間現金流量的差異。

以上解釋了攸關性，但什麼是現金流量？基本而言，它是指任何會改變你銀行餘額的交易。因此，賒銷並沒有產生現金流量（雖然在損益表中代表「收益」）。只有當客戶完全以現金、支票或電匯方式付清帳款時，才有現金流量的發生。同樣地，資本投資是一種現金流量（雖然在損益表上並不會以成本的形態出現），然而折舊（在損益表中視爲成本科目）卻沒有伴隨任何現金流量的出現。現金流量是指在某一特定時點產生的現金流入或現金流出數量（通常現金流入以正號表示，現金流出以負號表示）。

稅的影響

許多現金流量會增加稅賦，而稅賦最終必須以現金形式支付給國稅局（Internal Revenue Service）。這些稅賦的支付會減少公司的現金，因此任何有關現金流量計畫的評估都必須考量稅後的現金流量。有些稅賦是由帳上的盈餘所計算出來的；通常，這些稅賦是在產生盈餘（現金流量）一段時間後才必須支付。此時，我們可以忽略時間點，將產品生產和銷售（包括稅賦）所產生的成本視爲在銷貨時同時發生。

此時，利潤是指現金收入與現金支出的差額，稅賦僅爲利潤的一部份，並以一定比率使現金流量減少。若公司稅率爲34%，則稅後現金流量將爲稅前現金流量的66%。

不幸的是，有些交易的現金部份並未反映在利潤中，且稅法定義的利潤包含了非現金交易的部份。例如，資本設備的投資並未被視爲一項費用以作爲利潤的減項。它是一項未顯示在公司損益表的現金流出。換句話說，這些投資必須逐年攤提折舊。折舊雖然不是一項現金流量，但它必須放在損益表以計算利潤；折舊會影響稅賦，而且經由稅賦的影響產生了現金流量。

要正確的計算現金流量，必須由損益表與資產負債表著手。有許多並未包含現金流量的交易與會計科目相關，但非資本預算決策的重點。

假設公司今天以 50 萬美元現金購買一部機器，它代表 50 萬美元的現金流出。假設此機器依直線法提列五年折舊，亦就是每年有 10 萬美元的折舊費用[2]。因爲折舊費用關係，次年度的利潤將比未購買機器時少 10 萬美元。在稅率爲 34%的情況下，因爲公司利潤將比未購置機器時減少 10 萬美元，公司稅賦將減少 34,000 美元。所以，公司購買此項機器將使公司在未來五年的每一年均獲得 34,000 美元的「折舊稅減效果」（depreciation tax shield）。單就稅減效果來看，並沒有該購

[2] 其它的折舊方法，如「加速折舊法」請見附錄3。

買機器的理由：目前投入成本為 50 萬美元，但在未來五年內可產生的稅後利益每年為 34,000 美元。購買機器的理由必須是長期且大量的稅後成本減少或收益增加。假設該機器在未來的七年中[3]，每年均可減少成本 15 萬美元（稅前），則購買該機器是不值得的。該項投資的稅後現金流量如附錄 1 所示，其中第 0 年表示現在。

在附錄 1 的上半部，我們計算稅後節省成本時先不考慮折舊，然後再加回每年 34,000 美元的折舊稅減效果。在附錄 1 的下半部則計算稅後利潤的改變，其中包括折舊對利潤的影響，然後再加回每年 10 萬美元的折舊費用，雖然折舊會減少利潤，但並非現金流量。這兩種分析方法顯示投資 50 萬美元購買機器，前五年每年增加稅後現金流量 133,000 美元；後兩年每年的稅後現金流量增加 99,000 美元。此項投資計畫是否值得投資，端視我們如何評估未來的現金流量。

假設公司利潤的前 10 萬美元，其稅率為 16%，超過 10 萬美元部分的稅率為 34%。在未購買機器設備的情況下，每年收益為 20 萬美元，所以平均稅率為 25%。在考慮購買機器設備的決策下，該適用何種稅率？很清楚的，任何超額的利潤將被課以 34%的稅率，因此攸關稅率即是邊際稅率 34%。[4]

[3] 機器的使用壽命並不等於它的折舊壽命，汰換機器的原因並非因為機器不堪使用而是因為機器本身老舊過時。當能夠充分縮減成本、增加生產速度或改善產品品質時，就可決定淘汰老舊機器。在某些特殊情況下，機器在生產一定數量產品後會不堪使用。

[4] 假設在未購買機器的情況下，每年只有 8 萬美元的利潤，而添購新機器每年將產生超過 10 萬美元的利潤，最準確的分析方法是在兩種方案下分別計算其稅後利潤，見附錄 2。

其它現金流量

先前我們說過，雖然購買原物料、製造、運輸、應收帳款的收現、稅賦的支付會在銷售該項產品前後的一段時間內發生，但通常將其視爲同時發生。只有在產量、銷售量、交易時間改變相當大的情況下是例外的。當新產品上市、或是舊產品逐漸淘汰時，產量與銷售量的變化相當大。通常在考慮這些改變的影響時，可以假設營運資金需求與銷售量有一定的比例關係。例如，假設營運資金爲每年銷貨金額的 20%，一項新產品的上市若可帶來 1000 萬美元的銷貨收入，則表示上市時必須增加 200 萬美元的營運資金。這表示會有一筆未出現在損益表上的現金流出，且無法造成應稅額的減少。這筆支出將在產品生命末期隨著銷售既有的存貨與收現流通在外的應收帳款而回收。

季節性產品或是處於成長或衰退中的產品會造成營運資金需求的變動。假設新上市產品在每年的第一季有 200 萬美元的銷貨收入，第二季有 300 萬美元的銷貨收入，第三季有 400 萬美元的銷貨收入，第四季有 100 萬美元的銷貨收入，則營運資金需求將導致的現金流出在第一季爲 40 萬美元、第二季爲 20 萬美元、第三季爲 20 萬美元、次年度第一季爲 20 萬美元，導致的現金流入在第四季爲 60 萬美元。

在一些個案中，不再繼續使用的機器設備會有殘值；在另一些個案中，要淘汰這些機器設備會有現金支出的處置成本。有些個案的機器設備會在折舊年限到期前汰換。在決定是否要購買新機器時，預測該機器在耐用年限到期時是否會有額外的現金流入或流出是很重要的。機器使用年限到期時的稅務影響是相當複雜的，本書中的範例將會解釋清楚；但在現實生活中，則必須找出適當的稅務處理方式或向專家請教。

通貨膨脹

通貨膨脹會造成計畫期間內現金流量的增加。在分析資本預算時，在預估現金流量中加入預期通貨膨脹的考量是相當重要的。嚴格來說，不同類型的現金流量會產生不同的通貨膨脹率：例如，人工的通貨膨脹率就不同於原物料的通貨膨脹率。通常最好的處理方法便是假設某一特定年度的所有現金流量均受到相同通貨膨脹率的影響。但是有一種現金流量不受通貨膨脹的影響：因折舊產生之稅減效果。因此，在通貨膨脹率 10% 時，我們可合理假定原料成本、人工成本、售價以及營運資金需求每年均增加 10%，但折舊稅減效果在物價水準改變時並未改變。

融資現金流量

假設爲了籌措初期即須投入 100 萬美元的資本預算計畫資金，而必須向銀行以 10%的資金成本融資 1 百萬美元。分析此計畫最正確的作法似乎是計算在沒有初期資金投入時其借款資金成本的減少，以及支付每年 10 萬美元利息支出的稅前利益減少數額。但這個作法有瑕疵，因爲大部份的借款不能只結合一個特定的計畫[5]。特定借款在時間到期而無法償還時，不只影響此一計畫也會影響到整個公司。此外，借款 100 萬美元可能會影響到公司的信用額度，要再透過借款來融資其它計畫可能要負擔更多的成本且更加困難。因此融資一項計畫其相關現金流量不能只歸屬到單一的計畫；相對地，這些現金流量可能會影響到包含公司所有計畫的整體資本組合大小。這不僅是特定專案經理必須關注的重點，而且是公司財務管理的重點。

運用試算表進行現金流量的分析

試算表可以用來進行現金流量分析。通常期間的設定在試算表的最上端，其下各行則鍵入各期的現金流量。每一個方格都代表一特定時間及既定條件下所產生的現金流量。雖然很多個案會以一年爲基礎來規畫現金流量（即假設在未來年度中現金流量僅在年底發生），但是使用以季或以月爲基礎的現金流量來獲得更詳細的資料並不困難。

將每一期的收入、成本、折舊、稅賦、營運資金的改變等項目填入試算表的適當欄位，你可以很快就得到預估現金流量表。你也可以藉由改變個別方格的值來改變各項假設，但是試算表最主要的功能在解決方格中撰寫公式的困難，而這些公式是基於產生現金流量各項因素的假定。因爲這些個別方格通常具有數學上的相關性，因此試算表可減少在方格中填入繁複的

[5] 在極少數案例中，貸款完全由抵押計畫本身而來（例如，抵押房地產），貸方無須擔心公司不履行債務，此筆貸款亦不影響公司借貸能力，由貸款產生的現金流量應在分析此計畫時加以考量。

數字；更重要的是，它幫助你追蹤在整個預估報表中任何假設改變後的影響。

下面的範例說明了試算表的功能。在這個範例中不僅可以檢視列印出來的表格，更可以在電腦軟體 Excel 上使用，藉此了解產生各個方格的公式及假設改變對現金流量的影響。

範例

一項新產品的上市須投入 1000 萬美元。由於用來生產新產品所購置的新機器耗資 800 萬美元，所以新產品上市的推展成本只有 200 萬美元。該機器在 5 年中以加速折舊法提列折舊：第 1 年的折舊率爲原始機器成本的 15%，第 2 年爲 22%，第 3 至第 5 年爲 21%。該項新產品的預期收益爲：第 1 年產生 300 萬美元的收入，爾後每年收入以 5%的速度成長。第 1 年的變動成本爲 100 萬美元，爾後每年也以 5%的速度成長。營運資金需求爲每年收入的 20%。該公司的邊際稅率爲 34%。

根據這些估計與產品生命週期爲 10 年的假設，你可以計算每年的現金流量。在產品生命週期結束後會關閉此產品線，而機器設備的報廢成本即爲其殘值。

附錄 3 顯示所有的現金流量。試算表編製後我們可以容易地回答下列問題（「what-if」的分析）：若稅率不同將會有什麼結果？假設收入與成本的成長率爲 7%而不是 5%，或是收入與成本的成長率不同時，會有什麼結果？若營運資金需求爲收入的 25%，又會是何種結果？上市推展成本或機器設備成本改變時，又會有什麼結果？若產品的生命週期不是十年，結果又如何？[6] 藉由各項「假設」適當的改變，便可以得知在不同情況下其正確的現金流量。

貨幣的時間價值

一旦建立了預估現金流量表，任何資本預算決策的財務結果可以顯現在一條叫做「現金流量」的直線上。你該如何決定每一項投資計畫所產生的現金流量是否達到該投資的預期收益？由附錄 3 我們可見到一項 1000 萬美元的投資在計畫存續期間的現金流量。這些現金流量的總和爲 19,322,818 美元，遠超過原始投資成本；但是這些現金流量會分散在 11 年內出現。由於未來的幣值不如目前的幣值有價值（可以投資現在的 1 美元在無風險的債券或國庫券，一年之後的價值將超過 1 美元，在兩年後的價值會更多⋯⋯），因此只是簡單的將目前的現金流量與未來的現金流量加總是沒有意義的。我們需要的是一個在現在與未來幣值之間加以取捨的評價方式。

[6] 若生命週期短於折舊年限 5 年，尚未折舊的部分將視為收入的損失。

終値

目前以 1 美元投資於某項投資工具，在經過一段時間後其價值會增加。或許該投資工具有些模糊，但具體而言，你可將其視爲利息。我們必須了解投資金額要在較佳的利率水準下，才能增加該投資的價值。暫且不論是什麼原因造成幣值的增加，我們假設該投資每年以累積利率 r 增加其價值，且 r 是不隨時間而改變的固定值。若 r=10%，那麼目前的 1 美元在一年之後將增加 0.10 美元，在明年至後年間也會增加 0.10 美元；也就是說，目前的$1 一年後將值$1.10；明年的$1 在後年將值 $ 1.10。

假設所處理的金額並非 1 美元，則該數值將呈等比例的增減。假設利率爲 10%，目前的 2 美元在一年後將會增加 0.2 美元，亦即在一年後這筆錢將值 2.20 美元。這種比例的原則引發了複利的概念：若今天的 1 美元在一年後值 1.10 美元，那麼一年後的 1.10 美元在兩年後將值 $1.10\times\$1.10=\$1.21$（或$1 $\times 1.10^2$）。同樣的，目前的 1 美元在三年後將值$1 $\times 1.10^3=\$1.331$，n 年後將值$1 $\times 1.10^n$。因此，目前$D 在 n 年後的終值[7]將是$D $\times(1+r)^n$。圖 4.1 顯示目前的 1 美元分別以 0%、5%、10%及 20%的利率計算 10 年中的價值增加情形。在利率爲 0%時，1 美元的終值永遠爲 1 美元；但當利率 20%且爲複利計算時，在這一段時間內 1 美元的價值將大幅增加：在 10 年後，目前 1 美元的終值將超過 6 美元。

[7] 這即是附錄 3 每年收益與成本增加 5%的邏輯概念。

圖 4.1

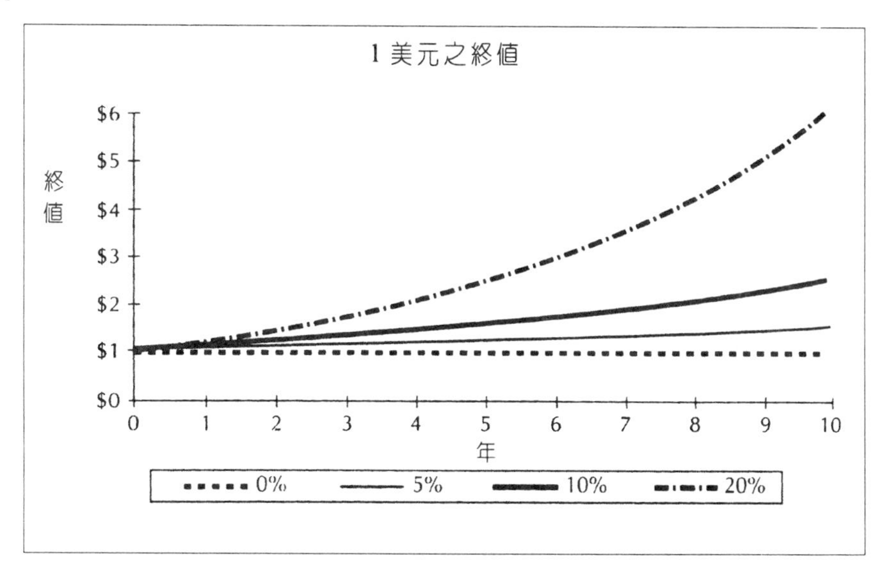

現值

相對地，我們可再探討 n 年後的 1 美元現值爲多少？若目前的 1 美元在一年後值 1.10 美元，那麼一年後的 1.10 美元現值爲 1 美元。依照比例原則，目前\$1/1.10=\$0.909 在一年後的價值爲\$1.10/1.10=\$1。換言之，若 r=10%，一年後 1 美元的現值即爲 0.909 美元；兩年後 1 美元的現值則爲$\$1/1.10^2=\$0.826$；n 年後\$D 的現值則爲$\$D/1.10^n$。圖 4.2 顯示[8]在不同的折現率 r

[8] 雖然我們在文字上為終值的累積利率和現值的折現率作了些區別，實際上，這兩項利率的數字觀念是一樣的。

之下（同圖 4.1，r=0%～20%），1 美元現值在不同時期的價值隨時間變化的關係。若折現率很高，則 1 美元現值的未來價值便相當小，$1 現值若以 20%的折現率折現，在 10 年後的價值將小於$1/6。

圖 4.2

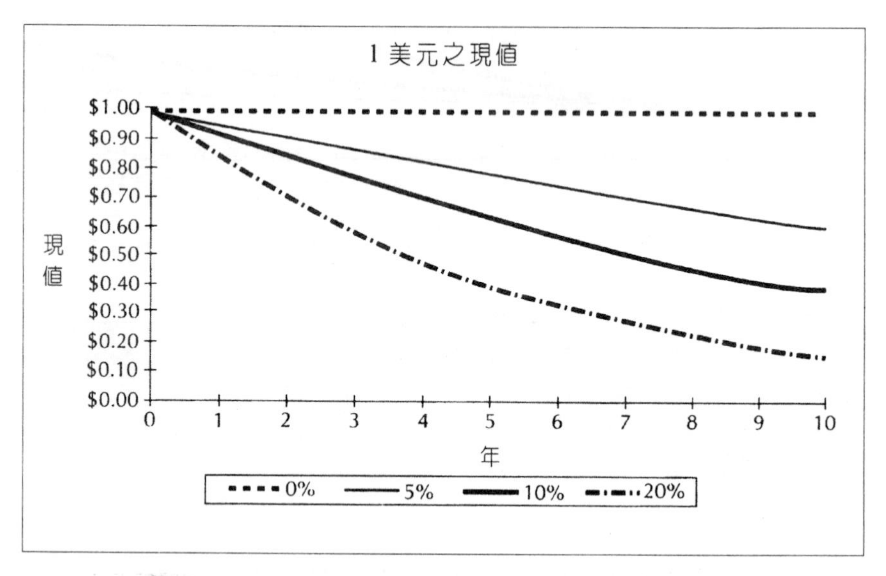

連續性現金流量的現值與終值

若利率等於 r，當計算一項存續期間為 n 年的投資計畫其現金流量終值，可以將第 i 年的現金流量乘以 $(1+r)^{n-i}$ 得出各年的現金流量終值，再將各年現金流量終值相加而得到整個投資計畫的現金流量終值。同樣的，若折現率等於 r，當計算一項投資計畫其現金流量現值，可以將第 i 年的現金流量除以（1+r）^{i}得出各年的現金流量現值，再將各年現金流量現值相加而得到整個投資計畫的現金流量現值。在計算終值時，除了利率之外還需要知道投資計畫的存續期間（即「最終日」）；然而在計算現值時，因為現值有一個特定的評價日（即「今日」），故只需要折現率即可。基於此原因，現金流量通常使用現值而非終值來評價。然而不論使用現值或終值來評估投資計畫，其結果都是一致的：若 A 計畫在存續期間所帶來現金流量終值高於 B 計畫，那麼 A 計畫的現值也必定高於 B 計畫。

連續性現金流量的**淨現值**是在投資計畫存續期間中，所有現金流入與現金流出的現值差異。在我們討論過的範例中，在初始的資本投資後，伴隨著未來年度的正現金流入，而淨現值法（NPV）則是將所有現金流入的現值減去目前資本投資的現值而得。

使用試算表計算現值與終值

許多教科書都會提供不同的現金流量現值與終值表。試算表的功能可以簡單的取代這些公式與表格。你可以從第 0 年$1 美元的價值開始，將第 0 年的 $ 1 乘以（1+r）得到第 1 年終值的公式，再將此公式複製到後續的年限中，繼而建立一組終值的累積因子（累積利率）。只要將終值公式中的「乘以」（1+r）改為「除以」（1+r），你也可以用同樣的方式建立現值的折現因子（折現率）。附錄 4 的資料與附錄 3 相同，只是附錄 4

加入了終值累積因子與現值折現因子 r=10%的考量。附錄 4 累積的終值是將所有相關的現金流量乘以相對應的終值累積因子，最後加總各現金流量的終值而得（在 Excel 中只要使用「**=SUMPRODUCT**」這個功能即可）。同樣的，淨現值也可使用現值折現因子來算。附錄 4 顯示 12 年後的終值爲 25,272,877 美元，而淨現值則爲 1,454,157 美元。

在 Excel 中有一些功能可以用來計算現值與終值。「**=NPV**」這個功能是最常被使用的，它需要折現率及從第一期開始各期的現金流量才能算出第 0 年的現值。若在第 0 年有資本支出，則必須分開處理。因此，要計算附錄 4 現金流量的淨現值，可以輸入「**=NPV（C32,D29:N29）+C29**」，其中 C32 是輸入折現率的方格，D29：N29 則是第 1 期到第 11 期的現金流量，而 C29 表示第 0 期的（負）現金流量（1 千萬美元的資本投資）。這是否會比使用折現因子計算簡單值得討論。

選擇折現率

在資本預算決策中，要使用何種折現率是較具爭議的（一家公司用來評估資本預算計畫的折現率通常稱爲 hurdle rate）。如何選擇適當的折現率（hurdle rate）在財務管理中是一項相當重要的課題。本章的主要目的是在介紹資本預算的機制，而不是介紹那些特定公司較適合何種折現率。儘管如此，觀察影響折現率選擇的因素仍有其價值。對於一家公開發行股票的上市公司而言，財務學者認爲該公司最適當的折現率應由資本市場及該公司的資本結構來決定：在合理的假設下，應是該公司稅後借款利率及股票報酬率的加權平均，而權值乃是依公司負債和股東權益的比例而定。就長期而言，能準確預測未來現金流量且僅採行淨現值（根據折現率計算）爲正值之投資計畫的公司（淨現值爲負值則不採行），能爲股東帶來的報酬較採行其它決策策略的公司多。

不幸地，設定折現率的權數很難認定，因此公司常會使用損益兩平分析計算出一個概略的折現率。這些方法在第一章已經說明，在此僅簡略說明。

避免使用折現率的方法：還本期間法與內部報酬率法

在附錄 3 的範例中，我們注意到 1000 萬美元的期初資本支出最後累計稅後現金流量超過 1900 萬美元：未折現的淨現金流量超過 900 萬美元。在還本期間法的分析中，我們想知道從何時開始未折現的累計淨現金流量爲正值？從附錄3的試算表可以清楚的知道：前 5 年的累積淨現金流量爲＄-715,471 美元；在第 6 年結束時，累積淨現金流量爲＄932,756 美元。假如你認爲現金流量發生的時點平均分佈於時間軸線上，你的結論就是該計畫在不到 5.5 年即可達到損益兩平。當然，此分析方法並未顧及到貨幣的時間價值，它只是將未來的貨幣與現在的貨幣視同等值。若確定一項計畫在未來的十年中會產生大量的現金流量，並可在兩年內回收，這幾乎已可確定是一項好投資，此時便沒有必要使用淨現值法。但一般而言，還本期間法仍無法取代淨現值法。

第 1 章我們所學到的折現還本期間法似乎是一個更好的指

標。從附錄 4 的試算表中可看出：折現率在 10%時，前 8 年累積的 NPV 為-453,680 美元，而前 9 年累積的 NPV 為+355,510 美元，因此折現還本期間法所算出來的還本期間約為 8.5 年。此結果可讓我們知道：藉由折現還本期間法確認投資計畫不會早早終止是很重要的。藉由改變專案存續期間而得知其對 NPV 影響的「what-if」分析也可容易的提供這個資訊。不論任何案例，要計算折現還本期間需先假設一特定的折現率。

第 1 章所提到的內部報酬率法（IRR）是計算損益兩平的好方法——此折現率能使該專案的預期現金流量淨現值剛好等於 0。藉由調整附錄 4 的折現率，可得知當折現率為 13%時，NPV 為 19,540 美元；而當折現率為 13.1%時，NPV 便成為-23,452 美元。這表示 IRR 一定介於這兩個折現率之間。事實上，使用 Excel 的「**=IRR**」功能直接計算出的 IRR 為 13.045%。

雖然在 IRR 的計算過程中，並未用到折現率的概念，但是折現率對投資計畫的分析仍是有用的。若折現率小於 IRR 時，NPV 為正，則此項計畫應該採行；反之，此折現率若大於 IRR，NPV 為負，則此項投資計畫不值得採行。若 IRR 很清楚的大於或小於事先已定義的折現率時，該項投資計畫的決策是很明顯的；但若無法明確判斷 IRR 是否大於或小於折現率，則內部報酬率法無法提供投資計畫決策充分的資訊。

評估一群非互斥的計畫時，內部報酬率法是相當有用的。如果以 IRR 來評估及排序各項投資計畫，應該從 IRR 最高的投資計畫開始著手，然後逐漸往下選擇。但目前的問題是要知道何時該停止選擇？當某一項計畫的 IRR 低於折現率時，便應該停止選擇排序在其之下的計畫。但這又回到原來的問題，即何種折現率才是最適當的？當兩個計畫是互斥時，若將這兩個計畫相對於未投資任何計畫的內部報酬率加以排序，會很容易導致錯誤的決策[9]。

結論

資本預算決策（根據定義乃是長期的）首先必須預測及計算該計畫所產生的攸關稅後現金流量，並與不執行該計畫所產生的原始現金流量做比較。這些現金流量通常與資本預算決策「預估損益表」中的利潤不同。像折舊並非現金流量，但它所產生的折舊稅減效果（因折舊是費用，可抵銷稅額）是一種現金流量。同樣的，在損益表中並不會出現營運資金需求的改變與初始資本投資，但此二者皆為現金流量。

在決定是否採行一項投資計畫時，可使用折現率來計算現金流量的折現值。只有在 NPV 為正時，才應採行該項計畫。由於折現率並不是定義的很清楚，因此有時候我們必須用其它三種方式衡量投資計畫——還本期間法、折現還本期間法、內部報酬率法。同時亦可進行「what-if」的分析，了解若實際結果偏離預測值會產生何種後果。但最終的決策基準仍是判斷折現率折現後的 NPV 是否為正值。

[9] 見第 1 章損益兩平分析的部分，文中並未提及貨幣的時間價值，只顯示兩項互斥計畫損益平衡的比較。亦可參照該章節練習 10 的部份。

附錄 1

假設	
機器成本	**$500,000**
折舊年限	**5**
每年節省成本	**$150,000**
稅率	**34%**
折舊稅減效果	**$34,000**

年

現金流量

	0	1	2	3	4	5	6	7
機器成本	($500,000)							
節省成本		$150,000	$150,000	$150,000	$150,000	$150,000	$150,000	$150,000
節省成本稅賦		$51,000	$51,000	$51,000	$51,000	$51,000	$51,000	$51,000
稅後節省成本		$99,000	$99,000	$99,000	$99,000	$99,000	$99,000	$99,000
折舊稅減效果[1]		$34,000	$34,000	$34,000	$34,000	$34,000	$0	$0
現金流量	**($500,000)**	**$133,000**	**$133,000**	**$133,000**	**$133,000**	**$133,000**	**$99,000**	**$99,000**

[1]$100,000（每年折舊費用）x34%（稅率）=$34,000（每年）

損益表

	0	1	2	3	4	5	6	7
機器成本	($500,000)							
節省成本		$150,000	$150,000	$150,000	$150,000	$150,000	$150,000	$150,000
折舊費用		$100,000	$100,000	$100,000	$100,000	$100,000	$0	$0
利潤		$50,000	$50,000	$50,000	$50,000	$50,000	$150,000	$150,000
稅賦		$17,000	$17,000	$17,000	$17,000	$17,000	$51,000	$51,000
稅後利潤		$33,000	$33,000	$33,000	$33,000	$33,000	$99,000	$99,000
加回折舊		$100,000	$100,000	$100,000	$100,000	$100,000	$0	$0
現金流量	**($500,000)**	**$133,000**	**$133,000**	**$133,000**	**$133,000**	**$133,000**	**$99,000**	**$99,000**

附錄 2

假設		
機器成本	**$500,000**	
折舊年限	**5**	
每年節省成本	**$150,000**	
稅率	**16%**當利潤<	**$100,000**
	34%當利潤>	**$100,000**
目前每年稅前利潤	**$80,000**	

	年							
	0	**1**	**2**	**3**	**4**	**5**	**6**	**7**
原始計畫								
稅前利潤	$80,000	$80,000	$80,000	$80,000	$80,000	$80,000	$80,000	$80,000
稅賦	$12,800	$12,800	$12,800	$12,800	$12,800	$12,800	$12,800	$12,800
稅後利潤	**$67,200**	**$67,200**	**$67,200**	**$67,200**	**$67,200**	**$67,200**	**$67,200**	**$67,200**

投資新機器								
機器成本	($500000)							
現有稅前利潤	$80,000	$80,000	$80,000	$80,000	$80,000	$80,000	$80,000	$80,000
節省成本		$150,000	$150,000	$150,000	$150,000	$150,000	$150,000	$150,000
總計		$230,000	$230,000	$230,000	$230,000	$230,000	$230,000	$230,000
折舊		$100,000	$100,000	$100,000	$100,000	$100,000	$0	$0
稅前利潤	$80,000	$130,000	$130,000	$130,000	$130,000	$130,000	$230,000	$230,000
稅賦	$12,800	$28,172	$28,172	$60,200	$60,200	$60,200	$94,200	$94,200
稅後利潤	$67,200	$101,828	$101,828	$69,800	$69,800	$69,800	$135,800	$135,800
加 折舊		$100,000	$100,000	$100,000	$100,000	$100,000	$0	$0
現金流量	**($432,800)**	**$201,828**	**$201,828**	**$169,800**	**$169,800**	**$169,800**	**$135,800**	**$135,800**

現金流量的差異								
投資新機器	($432,800)	$201,828	$201,828	$169,800	$169,800	$169,800	$135,800	$135,800
原始計畫	$67,200	$67,200	$67,200	$67,200	$67,200	$67,200	$67,200	$67,200
差額	**($500,000)**	**$134,628**	**$134,628**	**$102,600**	**$102,600**	**$102,600**	**$68,600**	**$68,600**

假設

起始成本	**$2,000,000**
機器成本	**$8,000,000**
機器使用年限（年	**10**
機器折舊年限（年	5
稅率	**34%**
第一年收益	**$3,000,000**
第一年成本	**$1,000,000**
收益成長率	5%
成本成長率	5%
營運資金／收益	20%

年	0	1	2	3	4	5	6	7	8	9	10	11	12	13
折舊比率		15%	22%	21%	21%	21%	0%	0%	0%	0%	0%	0%	0%	0%

現金流量

	0	1	2	3	4	5	6	7	8	9	10	11	12	13
資金成本	($10,000,000)													
收益		$3,000,000	$3,150,000	$3,307,500	$3,472,875	$3,646,519	$3,828,845	$4,020,287	$4,221,301	$4,432,366	$4,653,985	$0	$0	$0
成本		$1,000,000	$1,050,000	$1,102,500	$1,157,625	$1,215,506	$1,276,282	$1,340,096	$1,407,100	$1,477,455	$1,551,328	$0	$0	$0
折舊		$1,200,000	$1,760,000	$1,680,000	$1,680,000	$1,680,000	$0	$0	$0	$0	$0	$0	$0	$0
折舊損失		$0	$0	$0	$0	$0	$0	$0	$0	$0	$0	$0	$0	$0
稅前利潤		$800,000	$340,000	$525,000	$635,250	$751,013	$2,552,563	$2,680,191	$2,814,201	$2,954,911	$3,102,656	$0	$0	$0
稅賦		$272,000	$115,600	$178,500	$215,985	$255,344	$867,871	$911,265	$956,828	$1,004,670	$1,054,903	$0	$0	$0
稅後利潤		$528,000	$224,400	$346,500	$419,265	$495,668	$1,684,692	$1,768,926	$1,857,373	$1,950,241	$2,047,753	$0	$0	$0
折舊加回		$1,200,000	$1,760,000	$1,680,000	$1,680,000	$1,680,000	$0	$0	$0	$0	$0	$0	$0	$0
營運資金變動		($600,000)	($30,000)	($31,500)	($33,075)	($34,729)	($36,465)	($38,288)	($40,203)	($42,213)	($44,324)	**$930,797**	$0	$0
現金流量	**($10,000,000)**	**$1,128,000**	**$1,954,400**	**$1,995,000**	**$2,066,190**	**$2,140,940**	**$1,648,226**	**$1,730,638**	**$1,817,170**	**$1,908,028**	**$2,003,430**	**$930,797**	**$0**	**$0**

假設

起始成本	**$2,000,000**
機器成本	**$8,000,000**
機器使用年限（年	**10**
機器折舊年限（年	5
稅率	**34%**
第一年收益	**$3,000,000**
第一年成本	**$1,000,000**
收益成長率	5%
成本成長率	5%
營運資金 / 收益	20%

年	0	1	2	3	4	5	6	7	8	9	10	11	12	13
折舊比率		15%	22%	21%	21%	21%	0%	0%	0%	0%	0%	0%	0%	0%

現金流量

	0	1	2	3	4	5	6	7	8	9	10	11	12	13
資金成本	($10,000,000)													
收益		$3,000,000	$3,150,000	$3,307,500	$3,472,875	$3,646,519	$3,828,845	$4,020,287	$4,221,301	$4,432,366	$4,653,985	$0	$0	$0
成本		$1,000,000	$1,050,000	$1,102,500	$1,157,625	$1,215,506	$1,276,282	$1,340,096	$1,407,100	$1,477,455	$1,551,328	$0	$0	$0
折舊		$1,200,000	$1,760,000	$1,680,000	$1,680,000	$1,680,000	$0	$0	$0	$0	$0	$0	$0	$0
折舊損失		$0	$0	$0	$0	$0	$0	$0	$0	$0	$0	$0	$0	$0
稅前利潤		$800,000	$340,000	$525,000	$635,250	$751,013	$2,552,563	$2,680,191	$2,814,201	$2,954,911	$3,102,656	$0	$0	$0
稅賦		$272,000	$115,600	$178,500	$215,985	$255,344	$867,871	$911,265	$956,828	$1,004,670	$1,054,903	$0	$0	$0
稅後利潤		$528,000	$224,400	$346,500	$419,265	$495,668	$1,684,692	$1,768,926	$1,857,373	$1,950,241	$2,047,753	$0	$0	$0
折舊加回		$1,200,000	$1,760,000	$1,680,000	$1,680,000	$1,680,000	$0	$0	$0	$0	$0	$0	$0	$0
營運資金變動		($600,000)	($30,000)	($31,500)	($33,075)	($34,729)	($36,465)	($38,288)	($40,203)	($42,213)	($44,324)	$930,797	$0	$0
現金流量	**($10,000,000)**	**$1,128,000**	**$1,954,400**	**$1,995,000**	**$2,066,190**	**$2,140,940**	**$1,648,226**	**$1,730,638**	**$1,817,170**	**$1,908,028**	**$2,003,430**	**$930,797**	**$0**	**$0**

終值與現值

	0	1	2	3	4	5	6	7	8	9	10	11	12	13
折現率	**10%**													
終值累積因子	1.000	1.1000	1.2100	1.3310	1.4641	1.6105	1.7716	1.9487	2.1436	2.3579	2.5937	2.8531	3.1384	3.4523
終值（n=12）	**$25,272,887**													
現值折現因子	1.000	0.9091	0.8264	0.7513	0.6830	0.6209	0.5645	0.5132	0.4665	0.4241	0.3855	0.3505	0.3186	0.2897
現值	**$1,454,157**													

練　習

1. 假設你有一筆錢可投資於每年報酬率 8%的無風險投資計畫，下列三種情境中較佳的方案分別是 I 或 II 何種方案？

A.	I	目前	$100
	II	三年後	$124
B.	I	二年後	$100
	II	五年後	$124
C.	I	二年後	$300
	II	五年後	$400

2. Modern 公司打算購買新機器取代目前老舊無效率的舊機器。新機器的售價為 15,000 美元（含運送與安裝）。估計使用新機器每年可節省薪資與其它直接成本共 4,000 美元。新機器的經濟耐用年限為 10 年，10 年後的殘值為 0。舊機器雖已折舊完畢但仍運作良好，預估仍能維持 10 年以上，其殘值為 0。該公司的折現率為 17%，而邊際稅率為 34%。為求計算方便，假設新機器以直線法攤提折舊，且現金流量在每年年底發生。
   A. 僅由經濟層面考量，該公司是否該購買新機器？
   B. 當舊機器的淨殘值[10]為多少時，購買新機器較具吸引

[10] 淨殘值將以邊際稅率 34%計算。

力？舊機器的殘值為何會影響到新機器的購買與否？

C. 假設舊機器的淨殘值為 0，新機器在十年後的淨殘值該是多少，購買新機器才較具吸引力？

D. 若問題 A 的現金流量改為每季末發生，答案是否會改變？

3. 你可選擇下列三種付款方式的任何一種來支付汽車保險費。不論選擇何種方式都有相同的保險額度。這三種付款方式如下：

   1. 在保險生效日的第一天（2001 年 9 月 15 日）即支付 1,000 美元。
   2. 在 2001 年 9 月 15 日支付 250 美元，且從 2001 年 10 月 15 日起一年內，每個月支付 792 美元。
   3. 在 2001 年 9 月 15 日支付 500 美元，且從 2001 年 10 月 15 日起一年內，每個月支付 528 美元。

      A. 那一種方式比較好？為什麼？
      B. 若你選擇某種支付方式，保險公司是否可能較偏好另一種支付方式？為什麼？

SENECA 電線製造公司：LOOPRO 線

在午餐時間 Seneca 的總工程師 Bill Stokes 那一桌六個人的話題是公司的機器設備與資本支出。Bill Stokes 認為董事會不太可能同意未來的資本支出撥款要求（CEARS，capital expenditure appropriation requests）。其他人也證實最近提出的資金需求較過去容易被拒絕。某一位董事也在上次董事會議中質疑為什麼個別的 CEARs 似乎有很好的報酬率，但是公司整體卻沒有變得更好。這個話題引起 Jim Smith 的注意，因為他將在兩天後提出他負責的第一個 CEAR。

Jim Smith 是哈佛商學院的 MBA，他曾在 1984 年的暑期為 Seneca 的執行長 Peter McNerney 工作。他幾乎花了整個八月的時間作 Loopro 這條產品線的成本效益分析，並準備 Peter McNerney 需要讓董事會通過的 CEAR。Stokes 的評論讓 Jim Smith 覺得有些緊張，因為 Peter McNerney 在下星期一執行委員會（由 Seneca 的高階管理團隊組成）以及星期二整個董事會召開之前，並沒有什麼時間能改變 Loopro 的 CEAR。Loopro 僅僅 2.2 年的預估還本期間使得這條產品線相當具有吸引力，而公司的工程師與製造人員對於此項評估也相當興奮，但 Jim Smith 不得不想想 McNerney 要如何面對董事會的詢問。

Seneca 電線公司

Seneca 製造精密電線產品的歷史已經有八十年，公司產品的應用範圍很廣，主要客戶是其它製造商。產品的市場需求通常不是由 Seneca 的直接客戶決定，而是根據整條製造鏈下游公司對零組件的選擇而定。例如汽車引擎冷卻系統需求的增加會帶動 Seneca 電線需求，但是該項決策是由汽車組裝製造商而非 Seneca 的顧客——引擎冷卻系統製造商所決定。由於 Seneca 對整體市場需求的影響有限，Seneca 試圖以提供較好的產品與較低的價格從競爭者中脫穎而出。該公司想藉由最具成本效益的製造流程來達到上述目標。Seneca 最近的財務績效如附錄 5 所示。

該公司在俄亥俄州、賓州、密西西比州、密西根州、紐約州都有工廠，總部設在俄亥俄州。每一個工廠均製造與銷售不同的產品線。Seneca 其中一條產品線是鋼鐵業的金屬絲網，該產品線是在賓州廠生產。細包銅鋼線是金屬絲網製程的原料，也是賓州廠用來製造 Loopro 線的鋼線。

細包銅鋼線的來源

過去賓州廠的包銅鋼線來源是 Seneca 的俄亥俄州廠以及另一家競爭者。從 1981 年起，外部供應商停止供貨使得賓州廠的原料來源僅剩俄亥俄州廠。這個結果造成兩種損失：第一、內部轉撥計價的邊際利潤低於市場銷售之所得。俄亥俄州廠對外部客戶的供貨較賓州廠優先，使得賓州廠原料來源不穩定。第二、俄亥俄州廠每隔三年必須重協商勞動契約，可能造成營運中斷的情形。

Loopro 生產線

1984年8月，Bill Stokes聽說Airco公司打算賣掉其Loopro生產線。Airco 是一個熔接線圈的製造商，因爲環保的問題它必須關掉某一個廠並賣掉機器設備。這些設備將提供賓州廠自行量產細包銅鋼線的機會。這個機會相當的不尋常，因爲目前成本200萬美元的新機器設備Airco公司只打算以46,000美元出售。

Bill Stokes 和賓州廠的工程師 John Sorenson 一起檢視機器，這位工程師先前的工作經驗使他對 Loopro 生產線相當熟悉。他們發現機器的狀況非常良好，因此當場決定買下它。在詢問過公司財務長 Bill Davis 後，他們付了 5,000 美元的訂金購買該機器。他們必須支付剩餘的 41,000 美元，並在董事會後的星期五將機器從 Airco 公司運回，否則便損失該訂金。

細包銅鋼線生產線

Loopro 生產線無法獨立生產包銅鋼線。一條完整的生產線需要三階段製程：一部除鏽機、三部拉線機以及 Loopro 生產線。除鏽機除去用來製造鋼線之鐵棒上的生鐵鏽。接著三部拉線機藉由一連串的模具再將鐵棒拉長成細線。Loopro 生產線則完成最後的兩個步驟：先冶煉鋼線使其具有彈性以利處理，接著將銅包覆在鋼線上。

Bill Stokes 必須取得並安裝除鏽機與拉線機。他知道俄亥俄州廠可以移轉三部拉線機到賓州廠，但是他們必須另外購買一部新的除鏽機。賓州廠需要額外的資金來購買機器，且該機器亦需要整修。整個安裝成本如附錄 6 所示，預計要花費 328,000 美元。這些成本並不包括拉線機，因爲它們已經折舊完畢。

Loopro 生產線的優點

Jim Smith 的報告列出了 Loopro 生產線的優點：

1. 在財務方面顯示了很好的報酬率與很短的還本期間。這項優點乃是基於下列四個原因：賓州廠有效率的生產系統使得存貨需求降低[11]；運費成本較少；賓州廠所需員工較少；賓州廠的勞工工資率較低。
2. 基於下列四個原因產品的品質更好：（1）更平穩的將鋼線拉細；（2）對冶煉程序的控制更為精確；（3）對銅包覆程序的控制更為精確；（4）處理的程序較

[11] 這項新計畫可減少在製品存貨與暫存區空間。在製品將變得微不足道（因為產品製造時間將從 6 星期減到小於 1 天），而且細包銅鋼線現在也不須在各工廠之間調撥。若廠內穩定的供應細包銅鋼線，暫存區空間就可減少。

少。

3. 因鋼線較不易打結而減少報廢品。估計每年可節省約35,000美元，但為保守起見並不包括在財務試算中。
4. 俄亥俄州廠一直迫切需求的空間增加，並可做更有效益的利用。
5. 賓州廠較具獨立性。
6. 一個整合的工廠對擔心供貨中斷的客戶較具説服力。

預估營運成本的節省如附錄7所示。

同時，Bill Stokes也很想知道整合整條產品線所能提供的優點。根據他的經驗，若所有製程都在同一廠區，工程師能更快的知道製程改變所造成的影響，也能較快的提出改善。

時間表

Bill Stokes已經爲該項計畫訂定時間表。若在1984年9月開始，則1985年6月底即可完成。若容許機器一個月的測試時間，則表示1985年8月可以開始正式生產。Bill Stokes有信心能依照時間表完成，因爲他認爲John Sorenson的經驗足以處理此類機器。

生產線產能

賓州廠的總經理 Charles Hastings 已經提供 Jim Smith 該計畫的預估銷售額。Charles Hastings 相信需求量還是會維持在每年 750 萬磅的歷史平均水準。Bill Stokes 將其轉換爲 100%生產效率，即一週工作 5 日、兩班制的產能。若需求量增加，則每週工作天數改爲 7 日，產能可達到每年 1,050 萬磅。真正必要時可改爲三班制，但這樣的安排並不適合小批量或間斷性的需求量增加。此外，週末工資率爲平時的 1.5 倍，晚班工人的工資率較其它兩班的工人每小時高 0.1 美元。

計畫書

Jim Smith 對該計畫的分析只包括容易量化的直接營運成本節省。爲了保守起見，他的分析包括所有可能發生的成本。完整的財務報告可由附錄 8 得知。

當他看完整份計畫書，發現這確實是一項很大的投資。當時公司對該計畫的 CEARs 並沒有特定的標準，每一個人似乎都認爲 2.2 年的還本期間是相當誘人的。此外，在機器的使用期間內，Loopro 生產線每年可爲公司帶來 194,000 美元的稅後淨利。當未納入財務預測的次要利益併入計算時，該計畫似乎更加可行。但是 Bill Stokes 午餐時間的討論仍使 Jim Smith 再度詳加考慮。

合併財務報表（單位：千美元）

損益表	1981	1982	1983
銷貨淨額	$28,338	$25,859	$29,460
銷貨成本	24,533	22,621	25,499
銷貨毛利	$3,805	$3,238	$3,961
管銷費用	$2,339	$2,136	$2,321
折舊費用	717	721	662
營運淨利	$749	$381	$978
利息	197	377	190
稅前盈餘	$552	$4	$788
稅賦	188	1	268
稅後盈餘	$364	$3	$520

資產負債表	1981	1982	1983
流動資產	$7,393	$6,669	$8,207
固定資產	11,263	11,400	11,538
累計折舊	5,749	6,284	6,731
固定資產淨額	$5,514	$5,116	$4,807
總資產	$12,907	$11,785	$13,014
流動負債	$5,912	$4,502	$5,802
長期負債	1,503	1,789	1,234
股東權益	5,492	5,494	5,978
負債及權益總和	$12,907	$11,785	$13,014

上述數字統計依 1989 年稅法規定

預估安裝成本

A. 機器設備成本		
1. 購買價格	$46,000	
2. 分解與搬運	40,000	
3. 工程服務——卸貨	3,000	
4. 機器調整與零件	25,000	
5. 鎔爐調整	42,000	
小計		$156,000
B. 建議額外調整		
1. 風扇、噴水口等	$17,000	
小計		17,000
C. 在賓州廠安裝		
1. 裝載、運輸、卸載	$11,000	
2. 地基、1000 安培開關	21,000	
3. 安裝與工程	55,000	
4. 電熱器、導管	21,000	
5. 安裝線圈	9,000	
6. 除鏽	7,000	
7. 工程、製圖	9,000	
8. 臨時費用	22,000	
小計		155,000
總計		$328,000

預期可節省的營運成本（分／磅）

	成本		節省金額
	賓州廠	俄亥俄州廠	
除鏽	0	0.673	0.673
勞工	2.315	4.334	2.019
原物料	2.224	2.302	0.078
水電	2.460	2.591	0.131
維修費	0.533	0.933	0.400
運費	0.751	1.460	0.709
總和	8.283	12.293	4.010

清潔	俄亥俄州廠的石灰清潔過程將因除鏽機的運作而省略。
原物料	賓州廠將省略清潔銅與原物料的過程，但在冶煉的部份每磅將增加 0.0106 美元的氮化費用。
水電費	賓州廠的瓦斯用量減少、電力費用增加，總計節省小部份的費用。
維修費	Loopro 生產線需要較少的維修費用。
運費	直接運送鋼棒至賓州廠的成本低於將鋼棒運送至俄亥俄州廠，再將細鋼線由俄亥俄州廠運送至賓州廠的成本總和。

附錄 8

Loopro 生產線的財務報告

	年					
	0	1	2	3	4	5
對淨利的影響						
產量（千磅）		625	7,500	7,500	7,500	7,500
成本節省						
美元／磅		0.0401	0.0401	0.0401	0.0401	0.0401
總計（千美元）		$25	$301	$301	$301	$301
增加的應稅成本（千美元）						
折舊		$44	$67	$63	$63	$63
起始		$50				
租賃						
建築物		$18	$36	$36	$36	$36
起重車		$4	$4	$4	$4	$4
		$116	$107	$103	$103	$103
稅前增加之淨利		（$91）	$194	$198	$198	$198
稅率 34%		（$31）	$66	$67	$67	$67
稅後淨利的增加		（$60）	$128	$131	$131	$131
對現金流量的影響						
營運產生的現金（淨利+折舊）		（$16）	$195	$194	$194	$194
資本支出	（$46）	（$282）				
存貨降低		$108				
現金流量淨增加	（$46）	（$190）	$195	$194	$194	$194
累計現金流量增加額	（$46）	（$236）	（$41）	$152	$346	$539
稅後的還本期間	2.2 年					

上述數字乃是根據 1989 年稅法重新製作 1984 年的分析。

累計現金流量的變化

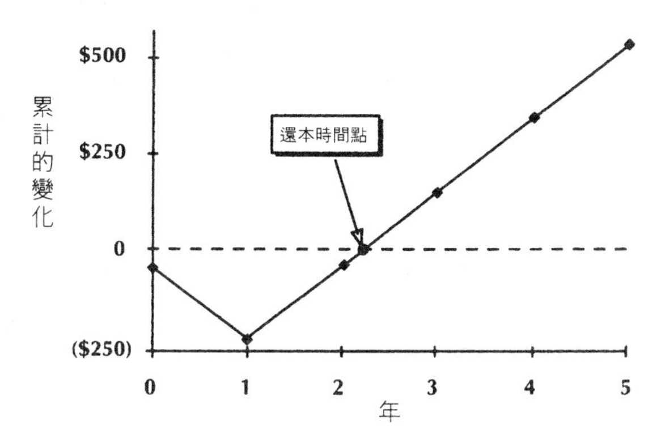

Wilson 公司

Wilson 公司正考慮是否要用一部自動化的變速箱工作母機取代目前四部手動的變速箱工作母機。該公司經營一家大型機械加工廠，以外包的形式爲底特律地區的工廠進行代工。其中一件外包案是幫助 Maynard 卡車公司製造卡車引擎用的變速箱。過去十四年來，Wilson 公司每年都必須與 Maynard 公司協商合約內容。在最近的幾年，合約規定每年製造 60,000 個變速箱。Maynard 供應未經表面處理的變速箱給 Wilson。

手動的變速箱工作母機並無法同時處理變速箱所有的表面。每一部機器都需要一位技術純熟的操作員持續注意該機器的加工狀況。

Wilson 的機器到目前爲止只使用了三年。每一部機器在一天兩班、一週工作五日的條件下，每年約生產 15,000 個變速箱。爲了完成每年的訂單需求，四部機器的購置成本是 120 萬美元。

一部手動工作母機在一天兩班、一週工作五日條件下，估計耐用年限爲 15 年，殘值約爲 10,000 美元。基於折舊的考量，手動機器被設定爲「五年資產」，也就是說，在不超過稅法規定的限制下，機器購置成本至少需以五年攤提折舊完畢。稅法允許 Wilson 公司在前三年可用加速折舊法提列折舊，在後兩年可用直線法提列。第一年的折舊率爲購置成本的 40%，第二年爲 24%，第三年爲 14.4%，第四年及第五年皆爲 10.8%。因此目前已提列的折舊爲 940,800 美元，剩下未折舊部份爲 259,200 美元。據估計，該四部機器目前的狀況，扣除拆除及搬運成本後，共可賣得 480,000 美元，其中超過未折舊部份的 220,800 美元（480000-259200=220800）將以 34%的稅率課稅。

購買該四部機器時，公司以 10%的利率向銀行融資 120 萬美元的 5 年期貸款。本金與利息在每年年初支付，第一筆還款則在借款之後一年支付。

目前所考慮購置的自動化工作母機包含四個加工站。機器的自動輸送設備會一站一站的移動各加工件，並在每一站留下記錄，最後完成一個變速箱。這部工作母機只需要一位技術熟練的操作員觀察機器的運作情形，並適時的予以調整。

一部自動化工作母機在兩班制下每年可生產 60,000 個變速箱，包括運送與安裝的總成本約爲 136 萬美元，估計耐用年限爲 15 年，殘值難以預估，但粗略估計殘值約等於移除成本。與手動的工作母機相同，因爲稅務的考量，自動化工作母機亦可用加速折舊法與直線折舊法在 5 年內提列折舊。

Wilson 的工程部門被指派爲董事會準備該項投資的評估報告。報告結果如下：包括法令規定的社會保險及其它津貼，工作母機的直接人工工資率爲每小時 20 美元；根據目前每平方呎的租金基礎，樓層空間的節省每年可達 3,200 美元。然而，受限於工廠的佈置，要利用這些多餘空間作其它用途有實質的困難，況且公司也沒有任何其它的計畫。若購買自動化工作母機，其它成本估計每年將減少 40,000 美元。

Wilson計畫向銀行用 10%的利率貸款五年期融資 136 萬美元以購買新機器。若購買新機器，Wilson 仍須支付購買手動工作母機的貸款。公司的財務資料如附錄 9 所示。

附錄 9

財務資料

去年的損益表

銷貨淨額	$26,821
減：所有成本與費用	$20,693
稅前淨利	$6,128
稅賦	$1,979
稅後淨利	$4,149

去年底的資產負債表

流動資產	$15,257	流動負債	$4,652
固定資產（淨值）	$21,196	貸款	$2,500
其它資產	$757	普通股股本	$5,000
總資產	$37,210	保留盈餘	$25,059
		資產與權益總和	$37,210

貫穿英吉利海峽的計畫（A）

1982年6月，英法研究團（Anglo-French Study Group）的英國與法國代表分別向各自的政府提出一份報告，希望能建造交通渠道以貫穿英吉利海峽。同年8月，根據該報告的結論，英法兩國政府要求銀行團研究由民間團體融資建造交通渠道的可行性。[12]

背景

建造交通渠道以貫穿英吉利海峽的觀念並非神話。早在1802年拿破崙就曾在Amiens和平會談中向英國政治家Charles Fox提出在英吉利海峽海底建造隧道的構想。Fox含蓄的表示此構想是一個「很大的冒險」。然而，1803年英法戰爭興起，英國人擔心這條隧道會成爲法國侵略英國的途徑，拿破崙的構想便無法實現。

五十年後，維多利亞女王因爲會暈船，同意在英吉利海峽海底建造鐵路隧道。但英國首相Palmerston爵士卻反對這項計畫，他對提出計畫的法國工程師Aime Thome de Gamond說：

[12] 這裡所指的銀行團包括：Banque Indosuez、Banque Nationale de Paris、Credit Lyonnais、Midland Bank及National Westminster Bank。

有沒有搞錯！你要我們去縮短一段我們已經認爲太短的距離？其它欲建造交通渠道以貫穿英吉利海峽的構想如附錄 10 所示，其中大部份都因爲政治或軍事的理由被拒絕。

在 1973 年，法國與英國簽訂一項合約允許貸款興建從英國 Cheriton 到法國 Frethun 的 32 英哩海底隧道。經過 15 個月，海底隧道建造了六分之一英哩，英國政府政權移轉，新首相 Harold Wilson 在面對 18%的通貨膨脹率以及修正後的隧道預估成本 19 億英磅（兩倍於預估的 8 億 5 千萬英磅），英國政府決定放棄該項計畫，使法國政府非常憤怒。

1979 年英國保守黨重新執政。同時，英國鐵路公司（由英國政府獨佔）公佈建造海底單孔火車隧道的計畫，該項計畫的部份資金來自於政府北海探勘原油的收入。此項計畫與首相柴契爾夫人的政治理念不合，因此被束之高閣。但是這項計畫卻使建造交通渠道以貫穿英吉利海峽的觀念重回人心。英國首相柴契爾夫人與法國總統密特朗在 1981 年高峰會議時，討論民營企業融資建造交通渠道以貫穿英吉利海峽的議題。高峰會議後，英法研究團很快的便成立了。

跨海峽之旅

1982 年，一大群渡輪與水陸兩用艇業者爲因應旅客與商務託運者的需求，開始成爲跨海峽的運輸服務業者。渡輪的航線有長程（3 小時，英國 Southampton-法國 St.Malo）與短程（1.5 小時，英國 Dover-法國 Calais）之分。水陸兩用艇只提供搭載汽車與乘客的短程航線（航程約 35 分鐘），除非海浪或霧太大造成航次必須取消，否則航班都很準時。通常渡輪較不受天候狀況影響，因此不常延誤或取消航班。

渡輪與水陸兩用艇的班次頻率亦受季節影響，夏天通常是一年中最熱門的季節。一天中各時段的班次頻率亦不同。渡輪與水陸兩用艇業者都採用季節與時段差別定價策略來維持高承載率。競爭者的進入與船隊的現代化都導致票價下降。例如，每一輛汽車平均渡海費用從 1978 年的 29.10 英磅降為 1981 年的 20.00 英磅。

三個建造交通渠道以貫穿英吉利海峽的提案

在銀行團進行評估的過程中，英法兩國政府並沒有收到正式的提案，但一些預備的提案已出現在英法研究團的報告中。這些提案可被歸為三類：（1）橫跨整個海峽的吊橋；（2）連接在海峽中段海底隧道的高架橋；（3）公路或鐵路的海底隧道。

以上的每一種計畫都是工程界的新記錄。目前世界上最長的吊橋是橫跨英國 Humber 河口的吊橋，橋墩間距長 1,410 公尺；而橫跨英吉利海峽的吊橋具有多個橋墩，每一段橋墩間距就長達 2,000 至 5,000 公尺。世界上最長的隧道是日本連接 Honshu 島與 Hokkaido 島的 Seikan 隧道，總長 33.7 英哩，其中有 14.4 英哩在海底，1985 年才正式啓用；而連接英吉利海峽的隧道寬度與孔徑比 Seikan 隧道更大，提案中的隧道長度為 32 英哩，其中 22 英哩在海底。

多橋墩的吊橋

第一類提案如圖 4.3 所示，是一種多橋墩的吊橋，約有 23 英哩長，高於海面約 70 公尺。這座橋上有六線道路，每一個方向有三線道。若以車速每小時 60 英哩行駛，每一線可以維持每小時 500 輛車的通行量。這座橋的高度足以讓全世界最高的船通過，也可以避免因海峽大霧而發生意外。因爲英吉利海峽有全世界最繁忙的海上交通，所以橋墩可能造成特有的航行危機。橋墩的設計必須足以抵抗 25 萬噸油輪以 17 節的速度航行所造成的撞擊。水墊以及吸震裝置都被考慮用來避免吊橋倒塌或超大型油輪在航向歐洲大陸的半途解體且漏出大量原油。

圖 4.3

多橋墩的吊橋

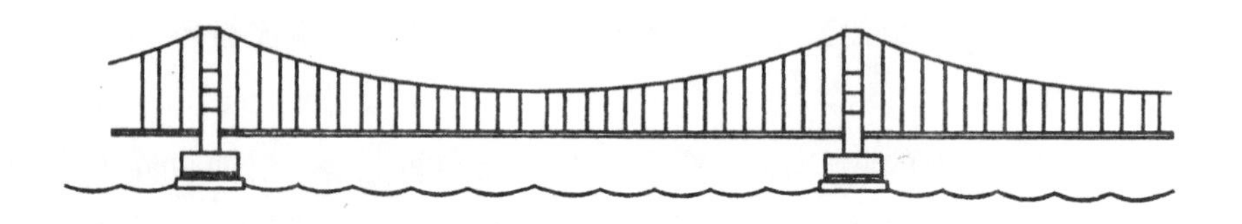

高架橋與海底隧道的組合

第二類提案如圖 4.4 所示，是一座四線道高架橋，每一個方向有兩線道。海峽兩岸的交通動線將沿著高架橋到達一個設置於海峽主要航線邊緣的人工島，接著循螺旋狀的道路下降至一條沉於海底長約 11.5 英哩的隧道，然後至接近對岸的另一個人工島才重現水面。海底隧道的部份包括放置在海峽海床壕溝上的連結鋼筋水泥管。若採用這種設計，海峽中央部份不會有橋墩及其它建築的阻礙。這個高架橋與海底隧道組合的提案還需要兩條隧道供火車以每小時 100 英哩速度行駛。當鐵路隧道與海底公路隧道連接時，孔徑會因通風管線的關係而擴大為兩倍。

圖 4.4

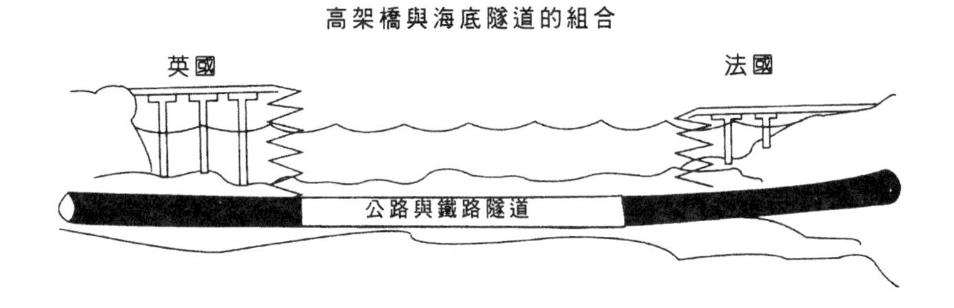

雙孔的純鐵路隧道

由海底隧道提倡的悠久歷史來看，可以想見有許多提案是以建造連接海峽底部的隧道為藍圖。提案包括純鐵路隧道或是純公路隧道；單孔隧道或是更精細的多孔隧道；甚至是鐵公路共用隧道。專家們對純公路隧道都抱持懷疑的態度，他們認為汽車廢氣的污染與不良的通風都會造成嚴重的安全性問題。而這些問題與純鐵路隧道較為無關。銀行團評估後的提案是建造一個雙孔且純鐵路的隧道（見圖 4.5），藉由提供高速鐵路的服務爲乘客、汽車、卡車以及其它交通工具連接海峽兩岸。根據此提案，其它車輛將停在特殊的鐵路車廂上，火車再以時速 100 英哩行駛到海峽的對岸。

高速鐵路每一列車的最大承載量如下：（1）26 節可搭載 40 位乘客的車廂；（2）26 部可載重 10.5 噸的卡車；（3）130 到 268 輛汽車（視鐵路車廂的形狀而定）。整段鐵路行車時間在 35 分鐘之內。在尖峰時間（夏季 3 個月從早上 9 點到晚上 7 點）搭載乘客與汽車的鐵路列車每 10 分鐘一班，其它時間則每 30 分鐘一班。搭載卡車的鐵路列車以及其它班車則在固定班車之間發車。

圖 4.5

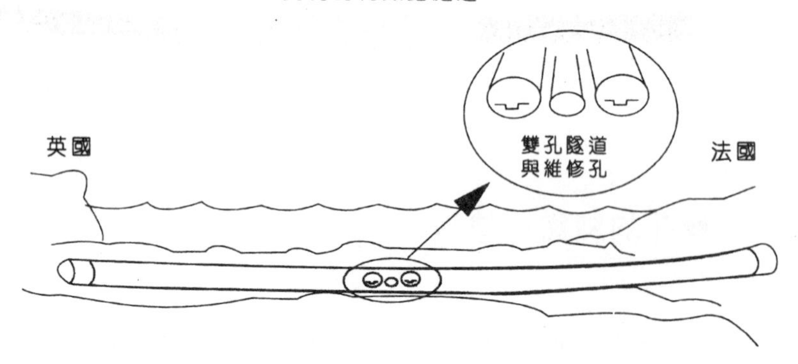

銀行團的研究結果

銀行團的工作相當艱鉅。不管採用那一種提案，建造交通渠道以貫穿英吉利海峽的計畫都是一個充滿不確定性、巨大且長期的專案。一旦這個計畫開始執行，可能會發生很多始料未及的問題。現存的渡輪與水陸兩用艇業者會有什麼反應？橫渡英吉利海峽的需求到底有多大？通貨膨脹率與匯率會如何影響兩國的貿易關係？因爲歐洲共同體會員國間的人員、貨物、資本移動沒有限制，跨海峽的交通會受到什麼影響？這些問題的答案關係重大，因爲計畫的現金流量及獲利率都會受到影響，而這也是民營企業投資者最關心的問題。

此外還有一些其它的問題需要考慮。這三種建造交通渠道以貫穿英吉利海峽的提案在基本形式上便大大的不同，所需要的技術、工程、建造、營運方式、融資、商業風險均不同。投資者該如何面對這些風險？這些提案對經濟環境、人員雇用、產業、未來貿易形式的影響也不盡相同，但除非與計畫的融資有關，否則這些因素將不在銀行團的研究範圍內。

附錄 11 顯示銀行團對此三種提案的估計成本。預估交通費率與交通流量的結果如附錄 12 所示。

建造交通渠道以貫穿英吉利海峽的構想

1802	法國工程師 Albert Mathieu 提出在海底建造供馬車通行的隧道。拿破崙在 Amiens 會談時與英國政治家 Charles Fox 討論。
1803	英法戰爭爆發。
1858	Aime Thome de Garmond 設計一個可供雙軌火車通行的石頭隧道。
1870	英國工程師 William Low 採用 Aime Thome de Garmond 的觀念。英國與法國簽訂協議，開始初步的挖鑿。
1881	英國金融家與鐵路倡導者 Edward Watkin 成立海洋大陸鐵路公司。Edward Watkin 開始在 Dover 與 Sangatte 附近挖鑿。
1882	基於軍事因素考量，英國陸軍參謀長 Garnet Wolseley 命令 Edward Watkin 停止開鑿工作。
1914	在第一次世界大戰爆發前兩週，英國皇室國防委員會否決一項隧道建造計畫。之後不久，Marechal Fredinand Foch 宣稱該隧道可提升軍隊運補能力，並可縮短戰爭兩年時間。
1940 年代初期	德國佔領法國期間，英國皇家空軍贊同興建隧道的建議，以尋找德軍可能的破綻。
1963-	英法聯合組成的地質研究小組開始探勘海峽的海床部份。
1964	早年維多利亞時代對隧道可行性的研究被認爲是正確的。
1973	英法簽訂合約允許貸款興建 32 英哩的隧道，並開始挖鑿。
1974	英國政府片面中止上項計畫。
1981	1981 年 9 月英法領袖高峰會宣佈進行貫穿英吉利海峽交通渠道的調查。
1982	英法研究團對建造交通渠道以貫穿英吉利海峽的報告正式公佈。

三種建造交通渠道以貫穿英吉利海峽的提案之成本估計

資本支出（百萬英磅，1983 年幣值）

	多橋墩的吊橋	高架橋與海底隧道的組合	雙孔的純鐵路隧道
1984-85	7	19	21
1986	8	21	115
1987	13	76	246
1988	147	861	409
1989	343	1,274	516
1990	470	1,216	402
1991	476	1,025	190
1992	551	817	108
1993	521	473	40
1994	284	195	0
1995	176	112	0
1996	59	0	0
1997	0	0	0
	3,055	6,089	2,047
完工日期	1996	1995	1993
營運成本（百萬英鎊，1983 年幣值）			
固定（每年）	23.5	30.9	16.8
變動	0	0	每一車次 276.1 英磅
重置成本（百萬英鎊，1983 年幣值）			
			223.6 （每 25 年須重置）

銀行團使用的資料

	費率 每一個方案均相同 （1983 年英磅幣值）	估計的交通流量 多橋墩的吊橋	 高架橋與海底隧道的組合	 雙孔的純鐵路隧道	估計交通流量的成長率 1980-99	 2000-27
開始產生收入的年份		1997	1996	1993		
	每人	百萬人				
乘客						
鐵路	7.10		7.00	6.60	2.00%	1.00%
通勤者	3.40		0.35	1.40	3.00%	1.50%
汽車	14.50	10.00	9.40	4.70	3.25%	2.00%
公車	3.80	14.00	11.90	3.50	3.50%	2.00%
	每噸	百萬噸				
運費						
鐵路	7.80		3.50	3.25	2.25%	1.00%
卡車	11.50	12.20	11.60	6.00	3.00%	2.00%

個案

貫穿英吉利海峽的計畫（B）

1985 年 4 月，英法兩國政府發佈招標公告邀請各界提供建造交通渠道以貫穿英吉利海峽的計畫，計畫內容必須包括發展、融資、建造、營運四部分。這項公告規定除非特別許可，不可動用公共資金或政府保證。實際的特別許可則必須視個別投標者的協商結果而定。1985 年 10 月 31 日爲投標截止日。四個投標案分述如下：

- ***海峽快速道路***：每一孔有兩線道可通車的雙孔隧道，附加兩條單軌鐵路隧道。投標者預估成本（1985 年幣值）爲 26 億英磅。
- ***英法海峽隧道群（CTG-FM）***：**兩條單軌鐵路隧道**，可通行載客車廂與接駁其它交通工具的車廂。投標者預估成本（1985 年幣值）爲 26 億英磅。
- ***歐洲大橋***：由 3 英哩長的橋墩間距連接而成的吊橋，爲四層共 12 線道的高速公路。此外，另有一條單孔純鐵路隧道。投標者預估成本（1986 年幣值）爲 52 億英磅。
- ***歐洲捷徑***：由 500 公尺長的橋墩間距連接而成的高架橋。海岸兩邊的交通動線沿著高架橋到達兩個設置於海峽主要航線邊緣的人工島，車輛接著循螺旋狀道路下降至一條沉於海底長約 13 英哩的隧道，往返兩個方向都是兩線道通車。此外，另有一條雙孔單軌純鐵路隧道。投標者預估成本（1985 年幣値）爲 50 億英磅。

1986 年 1 月，英法兩國政府宣佈隧道的建造所有權由*英法海峽隧道群（CTG-FM）*取得。1986 年 2 月英國國會白皮書部分內容如下：

> ……兩國政府在所有投標者中決定選擇***英法海峽隧道群（CTG-FM）***。因為該項計畫：
>
> - 對資金來源最具吸引力；
> - 技術風險最小，可避免計畫中斷；
> - 由乘客的觀點，這是最安全的計畫；
> - 對海運交通方面似乎沒有影響；
> - 最不易遭受破壞行動與恐怖份子攻擊；
> - 對環境的影響有限。

英法海峽隧道群（CTG-FM）取得的特別許可一直到 2042 年，該條款明訂政府在 2020 年之前不得進行其它建造交通渠道以貫穿英吉利海峽的計畫。

融資計畫

根據規定*英法海峽隧道群（CTG-FM）*必須由金融市場募集資金。1986 年 6 月***英法海峽隧道群（CTG-FM）***的創始合夥人出資 4,600 萬英磅作爲投標資金（第一部份股權），並以「歐洲隧道」的名稱在債券與股票市場募集資金。1986 年 10 月公開募集的資金是第二部份股權，這次募集雖然較困難，但仍取得高達 2 億 600 萬英磅的股本，這些資金提供了計畫的可調度資金與起始建造資金。貸款部分來自國際銀行團。若「歐洲隧道」能募集 10 億英磅的股本，國際銀行團願意以高於 LIBOR（倫敦銀行間拆款利率）1.25%的利率貸款 50 億英磅給「歐洲隧道」。

第三部份股權 7 億 4,800 萬英磅則來自 1987 年 11 月承銷商包銷該公司股票的所得。在前一個月，許多承銷商已在股票市場遭受相當大的損失。雖然這些承銷商認賠終止多項承銷案，他們仍願意全額包銷「歐洲隧道」的股票。由於原先議訂的貸款已可取得，建造計畫便可以開始。

Marine 公司

1988 年 4 月 29 日早上，Marine 公司利潤規畫助理副總裁 Tom Cartwright 正與同事討論伊利諾州最近一連串的銀行購併行動。Cartwright 曾聽說一些已成交和交涉中的購併案，以他自己在銀行的角色，他也參與過幾次購併案的定價活動。隨著討論的進行，Cartwright 開始思考外部購買者對 Marine 公司的評價。Cartwright 不想付費請投資銀行計算這個價格，他走進辦公室開始自己研究這個問題。

伊利諾州銀行法

1982 年，伊利諾州有 1,250 家銀行，幾乎佔了全美國銀行總數的 9%。這是因爲伊利諾州不允許一家銀行擁有「完整服務的分行」，也不允許一家公司擁有一家以上的銀行，即使這些銀行的營運是相互獨立的。然而，銀行的合併已成了美國國內的趨勢，即使是跨州的銀行合併。

伊利諾州銀行法在 1982 年放寬限制，允許銀行控股公司的設立，也就是一家控股公司可以擁有一家以上的銀行。之後控股公司就如雨後春筍般的出現，收購了許多伊利諾州的銀行。

1986年7月1日，伊利諾州政府允許鄰近幾州的銀行控股公司收購伊利諾州的銀行。在這段期間內，大部份的伊利諾州銀行收購案都是由非伊利諾州的銀行控股公司所執行。

1988年銀行業（不論是伊利諾州或全美國）面臨銀行法前所未有的解禁，金融服務控股公司不僅可以執行銀行業務，還可以銷售保險與有價證券。由於過去的高收益，區域性銀行成爲相當具有吸引力的收購目標。

Marine公司的歷史

Marine 公司成立於 1851 年，總部設在伊利諾州的 Springfield。在 Cartwright 從伊利諾大學取得財務碩士之後，便加入 Marine 的子公司——Springfield 銀行。1982 年之後，Marine 購併了 Champaign 與 Bloomington 兩家銀行。這使得 Marine 在伊利諾州中部掌控最好的三個市場。這三個城市有多元化的經濟活動、成熟的商業與服務業環境、Champaign 有著名的伊利諾大學、Springfield 是州政府所在地。此外，它們周圍環繞著世界上最肥沃與最具生產力的農業區之一。除了三家銀行之外，Marine 還擁有兩個非從事銀行業務的子公司：從事投資諮詢服務的 Marine 投資管理公司、從事債務保險而非產物保險或壽險的 Marine 信用保險公司（根據伊利諾州法律，此類保險公司可爲銀行控股公司持有）。Cartwright 在 1986 年回到母公司擔任助理副總裁兼主計長。

Marine 對購併的評價方法

評估購併的可能目標名單時，Cartwright 會先蒐集這些銀行的財務狀況資料，並將其填入試算表模型（如附錄 13）。模型所需的要素包括該銀行目前資產大小、估計未來資產成長率、每年的資產報酬率、每年淨利。所有的目標銀行都需要維持一定的資本資產比率以確保財務的穩健性。區域性銀行的控股公司通常設定 5.5%到 6.5%的資本資產比率。Marine 則更加保守，該比率至少必須爲 7%。

根據資產成長、獲利率以及資本資產比率下限的假設，可以計算購併目標銀行對母公司（如 Marine）的股利貢獻有多少。從附錄 13 我們可以看到 1988 年的預期股利爲－1,954,000 美元，因爲 Marine 收購了一個資本資產比率只有 5%的銀行。Marine 希望在未來能將其比率提高到 7%，當然 Marine 也必須提供資金挹注以達成此目標。

雖然在購併某些目標銀行時可能有策略性價值考量，Marine 大部份的收益還是來自購併後的股利收入。因此這個模型計算購併後第一個 10 年股利收入現金流量的現值（附錄 13 的 1988-1997 年），同時也計算該目標銀行在期末的終值（假設這項購併案會在 1997 年出售轉手。這項假設純粹是爲了簡化評價過程）。目標銀行的終值通常數倍於其期末資本。Cartwright 認爲在附錄 13 中的乘數 1.2 是適當的，因爲範例中的目標銀行僅位在一個吸引力適中的市場。選擇乘數的彈性使該模型能在評價過程中捕捉市場隱含的重要訊息。

評價使用的折現率與 Marine 公司的邊際加權平均資金成

本相同。Marine（母控股公司，而非子公司）營運的資本結構爲 85%的股東權益與 15%的負債。由於預期稅後股東權益報酬率爲 15%，且負債報酬率至少必須爲 6.67%，因此每項購併案的投資報酬率至少必須爲 13.75%。

對 Marine 的評價

若 Marine 自身成爲被購併的目標，潛在的購併者可評估附錄 14 所顯示的資訊。在過去 5 年中，Marine 收到的股利平均佔淨利的 23%，因此資本資產比率爲 74,137,000 美元÷900,325,000 美元＝8.2%。資本資產比率相當高，購併者可能希望藉由發放一筆可觀的股利以降低該比率。

雖然銀行控股公司發放股利並沒有受到法令限制，但是銀行子公司所發放的股利卻不能超過當年度利潤加上前兩年保留盈餘的總和。原則上，欲購併 Marine 的公司在 1988 年可宣告的股利爲 1988 年淨利加上 500 萬美元（Marine 公司 1986 與 1987 年保留盈餘的總和）。之後 Marine 每年發放的股利不得超過當年的淨利。

潛在的購併者會採用多少的折現率評價 Marine 的股利還不一定，但是 Cartwright 知道較大型的銀行控股公司會採用 25%負債比率的資本結構，高於 Marine 保守的 15%。

其它的購併

附錄 15 列出最近伊利諾州的銀行被其它州購併業者收購的情形。Drexel Burnham Lambert 的研究報告對美國中西部地區的銀行購併活動仍相當樂觀：

> 正如同 1987 年 11 月出版的「跨州購併季刊」所述，我們預期 1988 年中西部地區的銀行購併案將成爲購併活動的焦點。我們的理由是密西根州及俄亥俄州等大州的經濟狀況逐漸復甦。中西部地區的銀行購併案平均交易金額爲 8,100 萬美元，幾乎佔我們整個資料庫平均交易金額的一半。交易的溢價爲帳面價值的 1.96 倍，年度盈餘的 14.8 倍，並高出市場價值 53.6%。社區型小銀行擁有傳統銀行經營權及當地相當高的市場佔有率，容易取得存款並平衡借貸的投資組合。簡言之，購併者可以利用跨州銀行作爲擴張銀行業務通路的工具。[13]

Cartwright 正思索著 Marine 的評價結果會是如何。

[13] Drexel Burnham Lambert 著，*Bank Holding Companies Interstate Mergers and Acquisitions Quarterly*（紐約，1988 年 4 月），第 37 頁。

購併目標銀行的評價模型

年份	資產成長率	期末資產（千）	平均資產報酬率	淨利（千）	期末最低權益／資產比率	期末最低資本(千)	可獲得的最大股利(千)
1987	6%	$250,000	0.95%	$2,185	5.00%	$12,500	$3,000
1988	3%	$257,500	0.90%	$2,284	6.50%	$16,738	($14,454)
1989	3%	$265,225	0.95%	$2,483	6.75%	$17,903	($15,420)
1990	4%	$275,834	1.05%	$2,841	7.00%	$19,308	($16,468)
1991	4%	$286,867	1.07%	$3,010	7.00%	$20,081	($17,070)
1992	5%	$301,211	1.15%	$3,381	7.00%	$21,085	($17,703)
1993	5%	$316,271	1.15%	$3,551	7.00%	$22,139	($18,588)
1994	6%	$335,248	1.15%	$3,746	7.00%	$23,467	($19,721)
1995	6%	$355,362	1.15%	$3,971	7.00%	$24,875	($20,904)
1996	6%	$376,684	1.15%	$4,209	7.00%	$26,368	($22,159)
1997	6%	$399,285	1.15%	$4,462	7.00%	$27,950	($23,488)

資本型式	佔總資本之百分比	稅後邊際成本
權益	85%	15.00%
負債	15%	6.67%
邊際加權平均資金成本		**13.75%**

		現值（千）
年度現金流量		($92,771)
終值@	1.2*期末權益	$9,248
總現金流量		($83,524)

價格／帳面價值	-6.68
價格／盈餘	-38.23
價格／資產	-33.41%

附錄 14

Marine 公司的財務績效

	1987	1986	1985	1984	1983
	（除了每股資料及百分比外，單位均為千美元）				
淨利	$6,871	$6,141	$5,054	$4,032	$3,528
每股盈餘	$1.14	$1.06	$1.02	$0.81	$0.71
資本（期末）	$74,137	$68,691	$52,924	$48,800	$45,697
資產（期末）	$900,325	$842,333	$798,676	$763,470	$629,110
平均資本報酬率	9.62%	10.10%	$9.94%	8.53%	
平均資產報酬率	0.79%	0.75%	0.65%	0.58%	

附錄 15

非伊利諾州的銀行購併伊利諾州的銀行*

購併者	被購併者	購買價格	價格盈餘比	價格權益比	結帳日
Landmark Bancshares Corp., Clayton, MO	Mid-America BancSystem, Inc., Fairview Hts., IL	$23,601	NMF	1.75	1986-11-28
First of American Bank Corp., Kalamazoo, MI	Premier Bancorporation. Libertyville, IL	$76,004	16.89	1.95	1986-12-31
Mercantile Bancorp, Inc., Detroit, MI	First Bancshares Corp. of Illinois, Alton, IL	$13,994	NMP	1.37	1987-2-17
NBD Bancorp, Inc., Detroit, MI	USAmeribancs, Inc., Bannockburn, IL	$250,000	11.5	3.06	1987-2-28
Associated Banc-Corp., Green Bay, WI	Chicago Commerce Bancorporation, Chicago, IL	$20,481	16.31	1.72	1987-4-27
First Wisconsin Corporation, Milwaukee, WI	Naperville Financial Corp., Naperville, IL	$43,284	22.53	2.92	1987-4-30
First Wisconsin Corporation, Milwaukee, WI	Du Page Bank & Trust Co., Glen Ellyn, IL	$18,192	12.27	1.86	1987-4-30
Citizens Banking Corporation, Flint, MI	Commercial Nat'l Bank of Berwyn, Berwyn, IL	$30,588	9.17	1.86	1987-5-1
First of American Bank Corp., Kalamazoo, MI	Keystone Bancshares, Inc., Kankakee, IL	$24,900	12.95	1.42	1987-6-1
Mark Twain Bancshares Inc., St. Louis, MO	Bankers Trust Co., Belleville, IL	$6,700	NMF	1.2	1987-6-5
United MO Bancshares, Inc., Kansas City, MO	FCB Corporation, Collinsville, IL	$28,215	NP	1.91	1987-6-29
First of American Bank Corp., Kalamazoo, MI	BancServe Group, Inc., Rockford, IL	$25,928	13.86	1.57	1987-6-30
First Wisconsin Corporation, Milwaukee, WI	North Shore Bancorp, Nortthbrook, IL	$6,160	17.21	2.1	1987-6-30
The Marine Corporation, Milwaukee, WI	Banco di Roma, Chicago, IL	$5,200	NP	NP	1987-7-1
Mark Twain Bancshares Inc., St. Louis, MO	Edwdsvlle, Nat'l Bank & Trust Co., Edwdsvlle, IL	$9,021	11.14	1.67	1987-7-31
Manufacturers National Corp., Detroit, MI	Affiliated Banc Group, Inc., Morton Grove, IL	$121,727	12.27	1.88	1987-10-31
NBD Bancorp, Inc., Detroit, MI	State National Corporation, Evanston, IL	$103,067	NMF	2.15	1987-12-17
Old Kent Financial Corp., Grand Rapids, MI	Illinois Regional Bancorp, Inc., Elmhurst, IL	$84,000	NMF	2.21	1987-12-31
	購買價格之加權平均		13.34	2.29	
	中位數		12.95	1.87	

資料來源：芝加哥公司，中西部地區銀行調查報告，1986 年第 4 季至 1987 年第 4 季。

F & W 林業服務公司

1987 年 10 月 26 日，F&W 林業服務公司經理 Marshall Thomas 由喬治亞州的 Statesbopro 開車出發去拜訪 Lula Ale 女士。Marshall 在評估過 Lula 所擁有的 424 畝林地後，他決定說服 Lula 出售一些林地上已成熟的原木，並與她討論樹苗栽種的計畫。

背景

1962 年，Eley Frazer 與 Frank Wetherbee 合夥創立林業服務公司。25 年後，F & W 林業服務公司已成長爲具有 40 個員工，提供土地管理諮詢服務（包括林地管理）的公司。退休基金管理者或是大地主必須定期更新其資產評價以配合稅法及其它報表的規定，F & W 也爲這些單位進行土地與林木的鑑價。公司每季出版簡訊，內容包括目前與預估未來的原木價格、稅法的改變、其它的產業資訊。

F&W 典型的客戶約擁有 500 到 1,000 畝的土地。有些客戶的土地是繼承而來，並希望能一直保有；有些客戶的土地則是購買下來做爲私人狩獵的區域，喬治亞州的 Albany 一帶便以獵鵪鶉著名；還有一些客戶取得土地的目的純然只爲投資，例如外國人或退休基金管理者等。F&W 藉由管理林地的地上物，增加林地的經濟價值，工作內容包括清除壞死的樹木、噴灑農藥、出售成熟的原木、栽種樹苗。

林地管理的科學與經濟考量包括：土壤的性質、樹種、種植的密度、天氣、地主的財務狀況、地主的所得偏好、區域性的木材價格等等。身為一個管理公司，F & W 沒有任何機具設備，也未雇用勞工伐木。F&W 轉包鋸木、栽種、例行性的維護工作給獨立的外包商。依產業慣例，F & W 在所管理的林地賣掉原木，外包商則以密封投標的方式取得林木砍伐權。不論當地或全國性的伐木工廠都會收到郵寄的公告，得知林地所在地及其面積大小。公告內容包括林地的樹木種類與數量明細表，以及當地地形與交通路線等詳細資料。伐木工廠在向 F&W 投標之前可先進行評估作業。得標者在規定時間內必須將這些原木鋸斷並運送完畢。

南方的松木

南方的松木由四種基本樹種所組成，一般分為裂葉松、長針葉松、短針葉松、得達松。松木在鋸斷之後，可以被切割為製造紙漿的材料（造紙業）、造紙所需的小木片以及大型厚木板。見圖 4.6。

圖 4.6

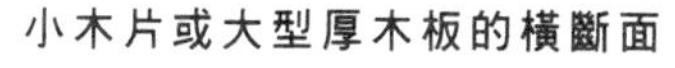

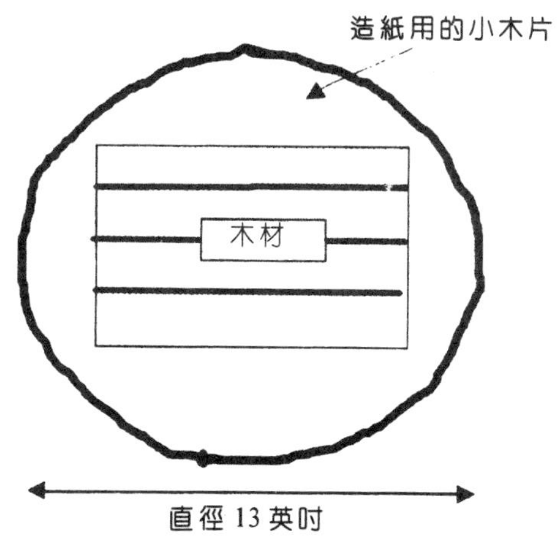

待砍伐的樹木是以 Dbh（原木約在人類胸口高度的直徑，diameter at breast height）英吋爲衡量的單位。小型樹木（9Dbh 以下）只適合製成紙漿的材料。大一點的樹木則根據其直徑與木材的品質，可製造紙漿原料、小木片、大型厚木板三種材料。最大直徑的樹木（超過 13Dbh）能製成大型厚木板，而大型厚木板在市場上的價值最高。

森林管理者根據所使用的肥料以及種植密度等因素，利用表格計算預計長成的樹木數量（見附錄 16，資料來源：標準林業參考書籍）。1980 年代，大部份的管理者使用電腦軟體，配合參考書籍中實證的資料庫資訊與簡單的經濟定價模型，執行計算樹木數量的功能。F&W 使用喬治亞大學開發的 GAPPS 系統。

原木價格

F & W 林業簡訊列表說明該公司在不同地區銷售原木的平均價格。表 4.1 是 1987 年夏天的簡訊。原木的價格受到木材品質、總體積、產地位置、其它與原木有關的變數等影響而有所不同。

表 4.1

1987 第三季 F&W 原木平均價格

產地所在位置	紙漿原料（美金／捆）	小木片（美金／捆）	大型厚木板（美金／MBF）
喬治亞州 Albany	27-33	42-47	170-200
喬治亞州 Atlanta	14-16	30-38	135-145
佛羅里達州 Gainesville	27-32	43-47	135-145
喬治亞州 Macon	20-25	30-35	150-160
喬治亞州 Statesboro	33-37	50-60	180-200

傳統上，紙漿原料價格會隨通貨膨脹而上漲，而另外兩種材料的價格會比每年通貨膨脹率多出 2%。短期價格的波動則是因爲供需不平衡所致。天氣變化對供給面的影響很大，沼澤地在雨季無法鋸木，因此原木的供給量會減少。F&W 原木價格變動的其它因素包括：拍賣過程成本、林地清理成本、運輸成本。

栽種與培育成本

在原木鋸下之後，林地有兩種方式可再進行樹苗栽種。***粗耕準備計畫***的順序爲清理林地、放火焚燒林地、人工種植樹苗。***精耕準備計畫***的順序則是把林地耙成土堆、放火焚燒土堆、清理林地，這種過程較適合機械耕種。堆起的小土堆是爲了栽種樹苗而設置（見圖 4.7）。在樹苗栽種一年後必須注意雜草的控制。栽種樹苗的土堆與機械耕種方式可以減少種植失敗的風險，並增加了樹苗生長率。

圖 4.7

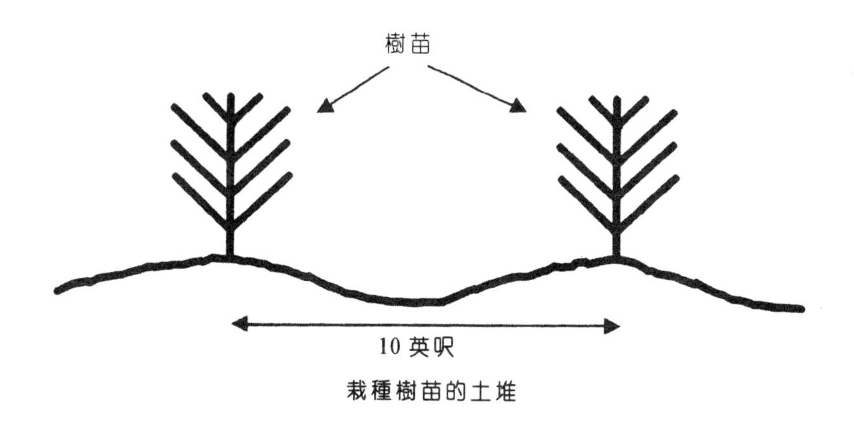

栽種樹苗的土堆

地主可預期採用精耕準備計畫的林地會有較好產量。潛在產量與農地轉爲林地的產量類似（附錄 16 的「OF」）。精耕準備計畫的成本比粗耕準備計畫的成本高出 50%（見表 4.2）。

表 4.2

估計栽種成本（$/畝）

步驟	*粗耕準備計畫*	*精耕準備計畫**
砍樹	$40	$40
耙平	0	25
焚燒	5	5
整理土堆**	0	30
人工種植**	35	0
機械種植**	0	28
新樹苗**	22	22
	$102	$150

資料來源：公司資料

*精耕準備計畫包括除草控制

**以每畝種植 700 株新樹苗的密度為計算基礎

不論選擇何種方案，每年的培育成本大約每畝 10 美元，包括稅賦與管理費用。

經過 10 到 15 年的生長，樹林會十分茂密，因此必須砍掉較瘦弱的樹木，使其它樹木有更多生長的空間。當壞死以及瘦弱的樹木由樹林中移除時，會產生正現金流量，因爲它們可以用來製造紙漿原料。然而，移除瘦弱樹木的作法還是引起一些爭議。森林專家認爲讓每一棵樹都能自然長大是比較好的作法；也有一些人認爲移除瘦弱的樹木可以使剩餘的樹木品質更好、價格更高。

F&W 在 Statesboro 分部的經理 Marshall Thomas 不喜歡移除瘦弱的樹木。只有在地主需要一些現金或是紙漿原料價格上漲時，他會贊同移除瘦弱的樹木。附錄 17 爲南方松木以及其它木材的價格趨勢圖。

Lula F. Ale 女士

Lula Ale 是 Marshall Thomas 最近的客戶。她在喬治亞州所擁有的松木林已經祖傳好幾代了。她打算將來要把這些松木林移轉給她三個三十幾歲的兒子。雖然 Lula 的財源不虞匱乏，但她將松木林視爲額外的所得。因此，Marshall 初期的工作之一是建立一個管理良好的林地，亦即在適當的時機就將原木賣出，而不是等到 25 年後原木成熟才處理。

Marshall 已經勘查過該林地，並將林地分爲六大塊。每一大塊再依樹林的年份與種類細分爲許多區。分區時有一個很重要的考量因素是，樹林必須盡量靠近伐木工人以及運送原木的卡車。有些樹林分區已被標示「保留」，這些樹林是 Lula 打算將來建造房子而想要使用的原木。附錄 18 總計各樹林分區所佔的面積。

得達松產量

樹木數量／畝	精耕或粗耕*	樹齡（年）	基礎面積（平方英呎）	每畝的樹木數量	平均 Dbh（英吋）	每畝產量			
						總計（立方英呎）	紙漿原料（捆）	小木片（捆）	大型厚木板（MBF）
600	OF	10	78	542	5.1	707	7.1		
	OF	15	128	491	6.9	1,911	24.1		
	OF	20	161	445	8.1	3,072	18.5	22.0	
	OF	25	180	403	9.1	4,005	13.6	40.1	
	OF	30	191	365	9.8	4,700	8.0	53.3	0.778
	NOF	10	59	524	4.5	518	4.1		
	NOF	15	95	459	6.2	1,385	16.4		
	NOF	20	117	402	7.3	2,194	21.6	6.6	
	NOF	25	129	352	8.2	2,815	17.0	20.2	
	NOF	30	135	309	8.9	3,250	11.0	32.5	
700	OF	10	64	627	5.0	755	7.1		
	OF	15	137	563	6.7	2,044	25.4		
	OF	20	171	505	7.9	3,274	19.6	23.3	
	OF	25	191	454	8.8	4,249	14.4	42.4	
	OF	30	202	407	9.5	4,964	17.0	49.9	
	NOF	10	63	606	4.4	553	4.0		
	NOF	15	101	526	5.9	1,482	17.2		
	NOF	20	124	457	7.1	2,340	22.8	6.9	
	NOF	25	137	396	7.9	2,989	18.0	21.3	
	NOF	30	142	344	8.7	3,435	11.6	34.2	
800	OF	10	89	711	4.8	800	7.2		
	OF	15	145	633	6.5	2,166	26.5		
	OF	20	180	564	7.7	3,458	20.6	24.5	
	OF	25	201	502	8.6	4,472	27.2	32.3	
	OF	30	211	448	9.3	5,205	17.8	52.5	
	NOF	10	67	687	4.2	585	4.2		
	NOF	15	107	592	5.8	1,571	17.8		
	NOF	20	131	510	6.9	2,473	23.8	7.2	
	NOF	25	143	439	7.7	3,148	31.5	9.6	
	NOF	30	149	378	8.5	3,604	21.9	26.0	

*精耕 OF；粗耕 NOF

附錄 17

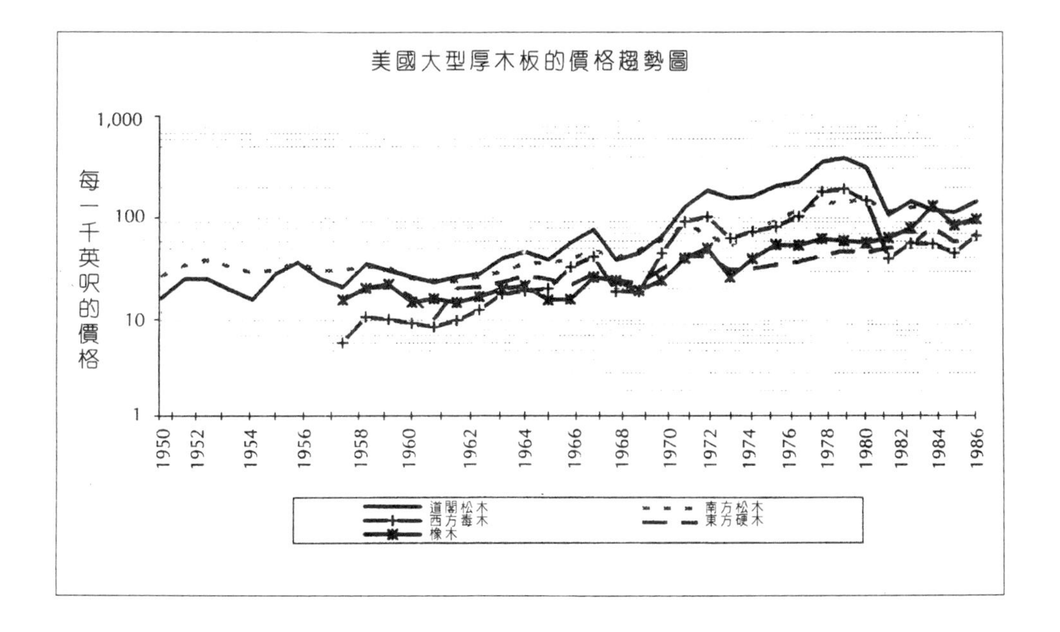
美國大型厚木板的價格趨勢圖
1,000
100
10
1
每一千英呎的價格
1950
1952
1954
1956
1958
1960
1962
1964
1966
1968
1970
1972
1974
1976
1978
1980
1982
1984
1986
道閣松木
南方松木
西方毒木
東方硬木
橡木

附錄 18

各樹林分區依樹齡劃分的面積（畝）

		樹齡（年）						
林地區塊	樹林分區*	0-4	5-9	10-14	15-19	20-24	25+	保留
I	1							12
	2						36	
II	1						44	
	2							12
III	1				29			
	2						18	
IV	1						12	
	2							1
	3						62	
	4							4
V	1	11						
	2	42						
	3						2	
	4				2			
	5	3						
	6	15						
	7						4	
	8						6	
	9	6						
	10							4
VI	1						59	
	2	23						
	3							17
總計		100	0	0	31	0	243	50

資料來源：公司資料

*0-4 歲樹齡的樹木用機械以每畝 726 顆的密度種植，其它地區的松木則自然生長。

第5章

確定性的模擬

在第 4 章，我們介紹一種被廣泛使用的企業規劃模型（business planning model）——預估現金流量表（the proforma cash-flow statement）。本章，我們將探討並使用某些特定的模型（ad hoc models）來解決某些特殊的企業問題。

模型化的技巧

模型（model）是將現實世界的問題予以簡化的方法。在模型中，我們既不可能也不需要獲知問題的每個細節。過多的細節會使模型難以建構、無法廣泛使用，甚至因爲太複雜而無法驗證。模型化的藝術就在包含關鍵因素的前提下，儘可能地將問題抽象化、簡化並作出假定。例如在分析預估現金流量時，我們可以將年度內一些金額不大，但發生時間不一的現金流量，視爲在年度最末一期以一整筆的方式發生。而這樣的簡化將使你對長期的現金流量和折現效應有概略的了解。此外，這種簡化可幫助你更清楚地釐清問題的來龍去脈。不過，對一個現金狀況不穩定且每個月的營業額波動過鉅，易造成現金不足的公司而言，這種粗略的分析是不夠詳細的。因此，資訊運用的程度端視欲解決的問題之困難程度而定。

我們可使用試算表來建構所需的的模型。如在預估現金流量分析中，試算表詳列了模型的輸入值（input）且顯示輸入值和輸出值之間的關係，同時容許輸入值在某一確定範圍內變動。圖 5.1 說明如何將現實世界中的的問題予以模型化之方法。

圖 5.1

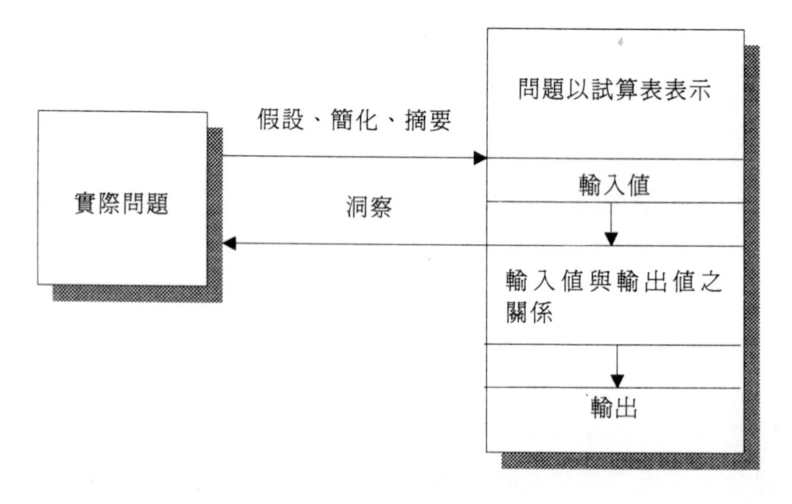

例如，你可以建構一人力規劃模型來幫助你預測未來幾年所需要的員工數量。使用此模型，首先要**輸入**公司目前各工作項目之職級與員工數目、每年因退休、辭職、解雇的離職率，以及未來幾年各工作項目之職級與所需要的員工數目。你可以先**假設**所有職級的空缺（除了最低的一級）都已被向上補滿。為了**簡化**此分析，你可以假定各工作職級的員工離職率都相同。

利用這些輸入、假設和簡化的方式，你可以推論出未來幾年將雇用的員工數目。在模型中的**輸出**將顯示未來三年內會有多少缺額、員工從最低一級所需的平均升遷時間和員工繼續留在公司服務的時間。你可能直接由輸出值（今年我們需要雇用 25 人）或者間接地藉由輸入與相關輸出值的比較來得到結果。

例如，你可以藉由每年的離職率由 5%降至 4%時，來推論出每一職級平均升遷時間將增加 1.6 年。

在模型建構完成後，你必須驗證它的精確性。重新檢查每一個計算及假設條件是很重要的。此外，你可以使用不同的輸入值來看看它所產生的輸出值是否符合常理。例如，如果成本增加，利潤就應該會下降。有時候你可以比較模型預測值和真實世界的資料，例如拿你公司各個工作職級的數據與模型的數據做比較。此時你可能得出「模型夠精確」，或者「模型需要再修正」的結論。同樣地，你也許會再修正你的假設，例如所有職級的空缺（除了最低的一級）都由次一職級人員向上補滿，或是從外界雇用其他員工來補滿這些缺額。

最後，你可以使用模型來協助你在現實世界中做決定。儘管這些模型的輸出值看似精確，但是你仍應保持警覺，因爲那些輸出值的產生是根據你的輸入值、假設條件與簡化方式。模型可能告訴你，你今年應該比去年多雇用 23%員工。但你的結論可能是側重在定性的資訊，例如你應該開始招募員工。

What-If 分析

因爲輸入值很難精確的取得，因此模型採用一個權宜之計來探討：若輸入值有一些不同的選擇，結果會如何？當你改變輸入值時，輸出值是不是有相同的結果？（例如，需求總是大於損益兩平點時，我們就必須開發新產品）；或者輸出值對輸入值是否非常敏感?（例如，某些輸入值的組合，需求會超過損益兩平點，但某些輸入值的組合則不會。）當決策對輸入值非常敏感時，你必須投入額外的心力去評估輸入值可能的範圍。此步驟對一些需要不同輸入值的個案相當重要。

那該如何考慮「輸入值可能涵蓋的範圍」呢？假設有一項商品的需求視下列三項輸入值而定：特定市場的大小、競爭者的實力和替代產品的供應。通常我們會由「最好的情況」和「最壞的情況」二個方案著手，考慮在以上兩種情況下新商品的命運。最好的情況包括廣大的市場規模、弱勢競爭者和無替代商品。最壞的情況則與上述情況完全相反。倘若一項商品是在以上兩種情況其中之一，則決策是顯而易見的。但是對於新商品而言，似乎最壞的情況會導致悲觀的預測；而最好的情況則導致樂觀的預測。如果這種情形發生時，你該怎麼辦呢？

實際上，最好或最壞的極端情況不太可能發生。對於你所提出的商品，它的市場規模、競爭者、替代商品都在最好狀態下的機率有多大？都在最壞狀態的機率有多大？這樣的機率其實很低。如果每種輸入值在特別極端情形的機率都不超過10%，那麼三項輸入值同時在特別極端情形的機率會少於0.1%[1]。許多 What-If 分析所需的輸入值都超過三個，因此在特別極端情形的機率也就微乎其微。所以所謂「最好的情況」和「最壞的情況」都可視爲不可能發生的事。

你可以設定一些可能發生的情況。其中一個方法就是選定幾個在範圍內具代表性的輸入值。你要如何決定那些輸入值是具「代表性」的呢？有時候，以過去的資料做爲未來情況的代表值是合理的。舉例來說，如果你打算在波士頓設置燃料用煤

[1] 嚴格來說，所算出的數值只有在各輸入值的機率相互獨立時才成立。比方說，輸入值 B 是某一特定數值的機率不會因為輸入值 A 的大小而有所改變。但是各輸入值的機率相互獨立的情況並不常見。

的供應點，那麼冬季的平均氣溫將會影響煤的需求量。而過去六十年來的冬季平均氣溫資料並不難取得。起初，你可能以過去每年的平均氣溫來代表未來的平均氣溫；到後來，你可能會修正你的分析，而把全球性的溫室效應列入考慮。

當過去的代表性資料無法取得時，可能就只有靠常理判斷或類推分析了。例如，當彩色電視機發明時，所預測的市場普及率就是根據十年前黑白電視機的普及情形推斷的。[2]

即使你對某一輸入值列出一組具代表性的數值，模型化問題仍然沒有結束。舉例來說，若某一個模型有 4 個輸入值，且每個輸入值各有 4 個具代表性的數值，你就有 256 個狀況有待評估，這是大多數分析所無法承受的。你可以就這 256 個狀況隨意**取樣**，如果多數的樣本都認爲所提出的新產品能產生正的 NPV（淨現值），即使可能有少數例外，你仍能很有自信的認爲你的產品將會成功。

最後，2 個或 2 個以上具代表性之輸入值的組合並不見得同樣具有代表性。如果有些決策需視未來通貨膨脹率與長期利率而定的話，那麼通貨膨脹率高且長期利率低的情況將比兩者同時高或同時低的可能性低許多。我們怎麼知道呢？因爲常識判斷和一些基本經濟理論告訴我們：當物價水準快速攀升時，中央銀行可能提高短期利率以抑制消費者支出。我們來看看過去的資料：圖 5.2 顯示三個月期國庫券利率[3]與通貨膨脹率（消費者物價指數每年的變動）之間的關係。假設未來情況與過去類似，當每年通貨膨脹率達到 14%時，利率爲 4%會比利

[2] 請參閱 Schleifer 與 Bell 所著之《資料分析、迴歸與預測》一書中第 4 章「燧石輪胎暨橡皮製品公司」個案部份。

[3] 從 1972 年第 2 季到 1986 年第 1 季的每季利率資料。

率爲 12%的情況更不可能出現。因此必須注意到輸入值彼此之間常有不明顯的交互作用：當物價膨脹率的範圍介於 3%至 14%之間，且利率範圍介於 3%至 15%之間時，並不表示所有的物價膨脹率與利率組合都具有相等的代表性[4]。

圖 5.2

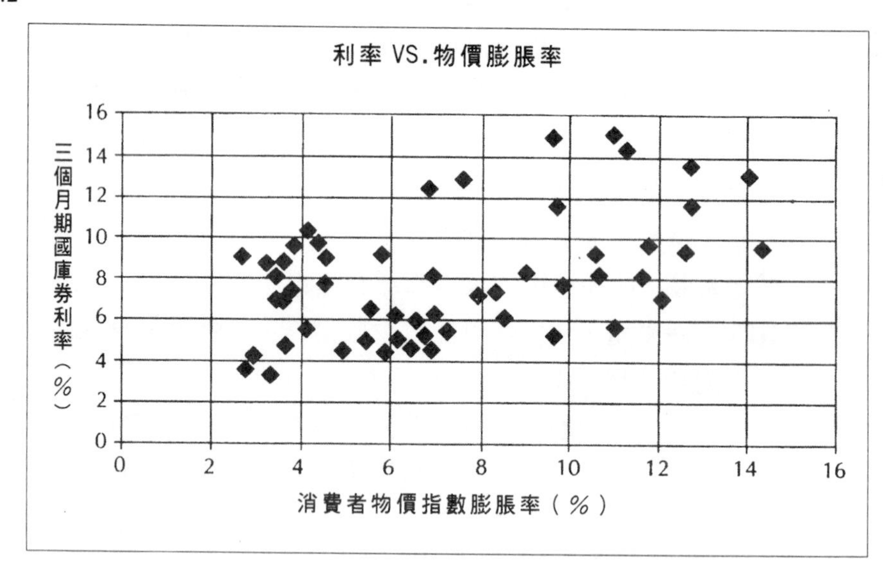

[4] 某一輸入值的可能代表數值以機率分配的方式表達最適當。當一個模型有許多輸入值時，這些輸入值的機率可能兩兩產生交互作用，因此以聯合機率分配來表示這些輸入值的組合較適當。機率性的模擬是由聯合機率分配中抽取具代表性的樣本所構成。這些方法請參閱 Schleifer 與 Bell 所著之《不確定情況下的決策》一書第 3 章。

預測耐用商品購買量的 Bass 模型

本節我們介紹預測耐用商品銷售額所經常使用的一種模型[5]。此模型將目前尚未購買某些特定商品，像是電冰箱、電視機或 CD 音響等的潛在顧客分爲兩類：改革者與模仿者。**改革者**會依個人需求及客觀評估而決定購買這些特定商品。另一方面，**模仿者**的購買行爲部份是因爲需求，但絕大部份是因爲別人都有這些商品。因此，一項新商品品越是將銷售額建立在模仿者的欲望之上，模仿者購買的機率就越大。

舉例而言，假設汽車行動電話有 500 萬名潛在顧客。早年，可能所有潛在顧客中每年只有 2%的人會因實際需求而購買汽車行動電話，這些人是改革者。而模仿者購買的原因是大多數人都購買汽車行動電話，因此購買人數倍增，模仿者購買的可能性越大。假設若前一年賣出超過 10 萬個汽車行動電話，便會額外等比例增加 1%的潛在顧客，這些人是模仿者。

基於以上的假設，我們可以預測未來幾年汽車行動電話的銷售量：

第1年　只有改革者會購買，5,000,000×2％=100,000。銷售量：100,000。

第2年　現在只剩 490 萬名潛在顧客，這些人之中的 2%（即 98,000）改革者會購買；因第 1 年的銷售量爲 100,000，所以 1%（即 49,000）的模仿者也會

[5] F. M. Bass，「A New Product Growth Model for Consumer Durables」，*Management Science* 15，1969，pp.215-227。

購買。銷售量：98,000+49,000=147,000。

第3年　現在只剩 4,900,000-147,000=4,753,000 名潛在顧客，其中 2%（即 95,060）改革者會購買；因第 2 年銷售量爲 247,000 個，這時剩餘潛在顧客中之 2.47%（即 117,399）模仿者會購買。銷售量：95,060+117,399=212,459。

附錄 1 顯示此模型 20 年的預測結果。

此模型不考慮因商品過時或損壞而產生的重新購買行爲，也不考慮同一消費者針對某一商品購買超過一件的情形。早期，由於購買數量不多，不考慮這些因素對模型的預測影響不大；但在後期，除非將這些因素加以考量，否則此模型的預測結果將會低估實際銷售量。

附錄 2 顯示家用冷凍設備（不是指電冰箱）、割草機及乾衣機實際銷售量，試爲每一時間序列建構 Bass 模型（可使用 Excel 的 Solver 功能以減低真實與預測銷售額的誤差）。運用你的分析結果預測表中這幾年及往後幾年的銷售額。模型參數的選擇（改革者佔潛在顧客的百分比、模仿者佔潛在顧客的百分比、潛在顧客的多寡）會被你的實際資料所影響。想利用 Bass 模型預測新產品未來銷售量的主管，必須先根據對消費者行爲的認知來考量這些參數。

附錄 1

Bass 模型範例

輸入值

潛在顧客	5,000,000
改革者	剩餘潛在顧客x2%
模仿者	剩餘潛在顧客x1%x前期累積銷售／100,000

年	剩餘潛在顧客	改革者	模仿者	當期銷售	累積銷售
1	5,000,000	100,000	0	100,000	100,000
2	4,900,000	98,000	49,000	147,000	247,000
3	4,753,000	95,060	117,399	212,459	459,459
4	4,540,541	90,811	208,619	299,430	758,889
5	4,241,111	84,822	321,853	406,676	1,165,565
6	3,834,435	76,689	446,928	523,617	1,689,182
7	3,310,818	66,216	559,257	625,474	2,314,655
8	2,685,345	53,707	621,565	675,272	2,989,927
9	2,010,073	40,210	600,997	641,199	3,631,126
10	1,368,874	27,377	497,055	524,433	4,155,559
11	844,441	16,889	350,913	367,801	4,523,360
12	476,640	9,533	215,601	225,134	4,748,494
13	251,506	5,030	119,427	124,457	4,872,952
14	127,048	2,541	61,910	64,451	4,937,403
15	62,597	1,252	30,907	32,159	4,969,561
16	30,439	609	15,127	15,735	4,985,297
17	14,703	294	7,330	7,624	4,992,921
18	7,079	142	3,535	3,676	4,996,597
19	3,403	68	1,700	1,768	4,998,365
20	1,635	33	817	850	4,999,215

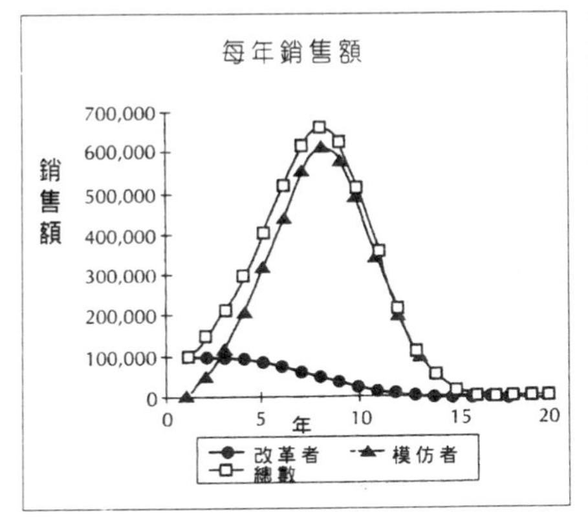

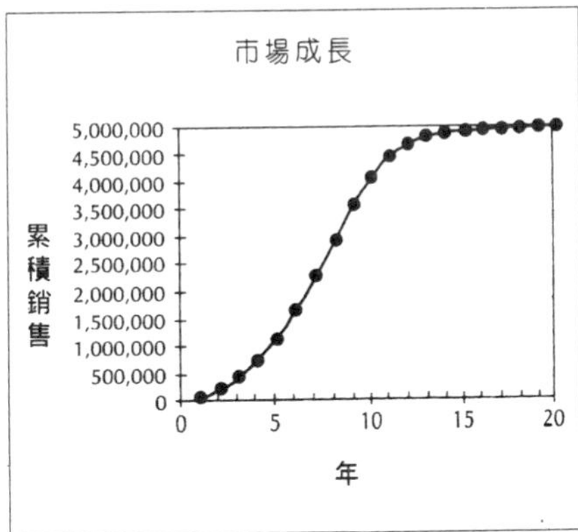

耐用商品的銷售額

年	銷售額（以千個計） 乾衣機	割草機	家用冷凍設備
1947			620
1948			709
1949		590	513
1950	320	1,090	913
1951	495	1,230	1,160
1952	620	1,140	1,190
1953	680	1,250	1,250
1954	860	1,360	1,030
1955	1,400	2,730	1,150
1956	1,510	3,200	1,010
1957	1,300	3,300	880
1958	1,220	3,410	
1959		4,180	
1960		3,770	
1961		3,520	

個案

模型練習

I. Peter's Principals, Inc. 顧問公司

Peter's Principals, Inc.（PPI）是由 Sebastian Peter 在 1947 所成立的一家大型顧問公司。Sebastian 以父親的角色對待員工，而且對員工一視同仁。任何客戶對他來說都是重要的夥伴。

Sebastian 從未開除任何員工，然而每年仍有 10%（即 50 名）的員工離職。雖然每位員工每年都有績效評比，但是沒有人認爲 10%的高離職率是績效評比所引發的，因爲績效評比的結果並沒有被重視。

當 Sebastian 在 1986 年去世後，Felicia Brown 接管公司。她詳加閱讀並了解每個員工最新的檔案，並驚訝地發現 40%的員工都不能勝任目前的工作。基於企業文化的因素，大規模裁員的方式並不可行，因此 Felicia 聘請外部的管理顧問公司全盤評估整個情況與找出解決方案。

管理顧問從過去 10 年的人事檔案發現，根據 Felicia 的標準，每年所新雇用的 50 名員工沒有一位能勝任工作。他們也發現，員工的離職傾向與工作勝任的情況無關。也就是說，有工作能力的人與不能勝任工作的人，都有相同的離職可能。管

理顧問最後總結出二個解決 PPI 問題的方法：一是加強訓練新進成員，二是每年針對員工辦一些研討會。

針對新進成員所辦的訓練課程結束後，有 50%的人立即獲得改善，成為可以勝任工作者。此後，每年也有 1/6 的員工慢慢獲得改善而可以勝任工作，直到全公司的人都如此。

另一種方法，即每一年選一天為所有的員工舉辦研討會，而研討會中還必須對員工的口頭報告加以分析與探討。這種方法每一年能使 1/3 的員工可以勝任工作。

Felicia 知道 PPI 不能同時負擔這二種方法的費用，但她想要挑一種試試看。既然這二種方法所需要的成本是一樣的，她想知道那一種方法對公司較有幫助。

II. Sandy's 漢堡店

Sandy's 漢堡店遍佈美國東南部。行銷副總裁 Christine Hogan 非常關心銷售量下滑的原因，於是她對光顧 Sandy's 或其它漢堡店的數千名顧客做一項調查，並得知銷售量下滑的原因是店面看起來太老舊了。廣告雖然可以增加銷售量，但長遠的解決方法是重新規劃店面。

為了簡化分析，我們姑且將接受調查的顧客區分為以下三類：

第一種：從來不光顧 Sandy's 者
第二種：最近才來光顧 Sandy's 者
第三種：以前光顧，但現在不再光顧 Sandy's 者而以下的方法，可使這三種顧客的行爲或多或少獲得改善。

1. 在一年中平均會有 3%的第一種顧客光顧 Sandy's，而後就被歸類爲第二種顧客。多做廣告宣傳，將可使這比例由 3%提升至 5%。
2. 在一年中平均會有 2%的第三種顧客會再次光顧 Sandy's，而後就被歸爲第二種顧客。多做廣告宣傳，將可使這比例由 2%提升至 3%。
3. 第二種顧客仍會持續光顧的比率取決於店家的新舊，新裝潢的店面可留住 90%的顧客，而這個數字會以每年 10%的速度下降，所以由第二年留到第三年的顧客是 81%（81%=90%×90%），由第三年留到第四年的顧客是 73%（73%=81%×90%）。

Christine 決定將這項資料直接拿到喬治亞州 Poseidon 鎮的店面中做測試，她首先估計各種顧客的數目如下：

第一種：13,000
第二種：15,000
第三種：38,000

1994 年的總貢獻（扣除固定成本前）是 75 萬美元，也就是第二類顧客平均一人 50 美元。Christine 可以用廣告或重新裝潢的方式吸引顧客。廣告一年要花 5 萬美元，重新裝潢一次要花 50 萬美元，但可使商店亮麗如新。Poseidon 的這間店從 1990 年開始營運，Christine 在想 1995 年該採用那一項策略？

做廣告抑或重新裝潢，或者都不做呢？

III. Nadir Electronics 電子公司

1965 年所賣出的電視機中幾乎有一半是彩色電視機。接下來的五年，彩色電視機的銷售量更是加倍成長（見附錄 3）。負責人 Frank Bass 開始思考公司未來的製造策略。另一個主要競爭對手 Sylvania 已經宣佈要全力發展並推出以紅色素爲主要構成像素的的彩色電視機，其它的廠家應該也會紛紛跟進。Frank 不知道他該用所有資源生產低成本的黑白電視機，還是該投入部分資源製造彩色電視機。雖然 Frank 相信彩色電視機有可能會成爲一股風潮，但這項技術非常昂貴，而且只有少數電視節目是以彩色的方式呈現。據 1960 年的民意調查，有 46,312,000 家庭（約佔全美家庭的 80%）有電視機。Frank 認爲一旦這股風潮結束，最近 5,000,000 個購買彩色電視機的人只有少數會認爲成本合理，所以銷售量也將會回復到以往水準。在做最後決定之前，他想預測在未來幾年彩色電視機的銷售量會是多少。

IV. Volterra Island

1993 年 6 月 8 日，有三個獵人乘著小船抵達加拿大北部的小島 Volterra Island。他們花了兩天的時間獵殺不少狐狸。他們的動機並不是要取得狐狸的毛皮，而只是爲了「運動」。原有的 25 隻狐狸只有 8 隻存活下來。島上全是以農為生的居民知道後勃然大怒，因為這些狐狸在島上事實上是相當受歡迎的，而且還被農民取名字呢！實際上，這些狐狸也控制了島上兔子的數量。

長期以來，島上狐狸和兔子的數量都有一定比例，狐狸有 20~30 隻，兔子有 2,000~3,000 隻。但自從狐狸被獵殺的兩年後，兔子由 2,750 隻大量增加到 7,400 隻。農民們也開始遇到兔子吃農作物的嚴重問題。當兔子的數量越多，它們就越不怕農夫所裝設的捕獸器。唯一的好消息是狐狸的數量在這兩年內又增加到 14 隻。

1995 年 6 月，加拿大野生動物協會與 Christine Hogan 探討是否有什麼方法可以解決這個問題。農民們原已準備大量的毒藥打算要毒殺兔子，但這項計畫因為野生動物協會認定所使用的毒藥是非法的而終止。而且毒藥對農民們想要保留下來的狐狸也有害。

Christine 的博士論文題目是「肉食性動物及其獵物數量的動態論：以 Volterra 為例」。她選擇以狐狸和兔子的數量為研究對象，因為這個島是一個封閉的生態圈，沒有其它的動物移出或移入。

經由仔細的調查、直接的觀察和統計上的分析，Christine 發展出一套簡單的模型可以預測狐狸及兔子數量增減的情形。

若狐狸由島上消失，她發現兔子的數目每年會成長兩倍，直到島上沒有足夠的食物供應兔子為止。Christine 同時也發現，1 隻狐狸每年殺死大約島上 2%的兔子。依此推算，14 隻狐狸在 1995 春天將會殺死大約 28%的兔子，即總數 7,400 隻中的 2,092 隻。而剩下來的 5,328 隻兔子，會在 1996 春天時增加到 10,656 隻。

假如島上沒有兔子，狐狸的數量會因爲缺乏食物，以每年10%的比例遞減。假如兔子與狐狸的比例恰好爲 100，狐狸的數量會維持穩定；假如比例超過 100，則狐狸的數量會增加，若比例增大，狐狸數量的成長率也會跟著增加。精確地說，狐狸數量每年的成長率等於兔子與狐狸的比例減去 100 再乘以 0.001。今年，Christine 預測明年狐狸數量的成長率如下。

$0.001\times(7400/14-100)=0.429$，

或 42.9%，因此，來年狐狸的數目應爲 $1.429\times14=20$。

Christine 也知道要使島上的狐狸數量增加並不容易。而唯一有效也快速的方法就是撲殺兔子，但是該在何時撲殺，而且該撲殺多少呢？

附錄 3

Nadir Electronics
模型化練習

年	銷售量
1960	120,000
1961	220,000
1962	400,000
1963	700,000
1964	1,350,000
1965	2,500,000

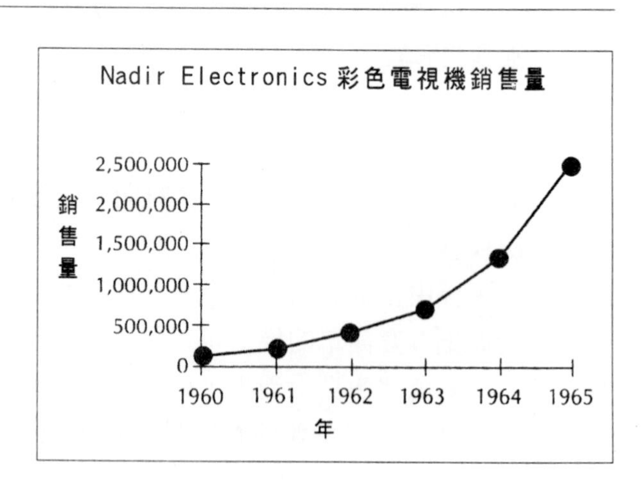

個案

Hercules 公司——化學藥品專賣公司

「我們目前面臨如何決定最佳生產水準的問題，我們該生產那些產品？多少數量？」Hercules 公司的副總裁 Richard Sherman 詢問公司的新經理 Bob Smith。

Bob 是一個有六年顧問經驗的作業研究專家。最近他受雇於 Hercules 公司，領導公司內部一個作業研究顧問小組。在聽過簡短介紹後，開始他的第一項任務——評估有機化合物事業處黏著劑製造部的營運規劃活動。

黏著劑製造部：產品和製造程序

黏著劑製造部生產十種不同產品，其中四種是主要產品（#1-#4），剩下其中四種是重要的副產品（#5-#8），最後二種（#9 和#10）是較不重要的產品，附錄 4 顯示這十種產品和它們的用途。附錄 5 以圖表的方式呈現製造程序。附錄中標明了重要的製造階段、各製造階段的投入、投入和產出的關係。

存貨過多的問題

化學藥品專賣公司的定價策略以總成本回收率為依據：不同的產品有不同的標準成本，而各產品的價格便是以其標準成本加上利潤所訂出。這個策略運用在#1 和#2 項產品時很適當（Hercules 是一家極大的供應商）；但這個策略運用在#3 至#8 項產品時，因為 Hercules 只是眾多的產品供應商其中之一，產品的存貨每隔一段時間就會累積到一定程度。存貨過多的原因很簡單：#3 至#8 項產品的市場價格波動太激烈，而且價格常常低於 Hercules 的標準成本，此時黏著劑製造部就不售出產品。存貨過多的問題到 1985 年年底時特別嚴重，因為此時許多產品的價格非常低。黏著劑製造部正面臨解決存貨過多問題的壓力。

Bob Smith 的任務

也許因為 Bob 在 Hercules 公司是新進人員，因此他可以用外人的眼光來觀察，且毫無困難的理解存貨過多的問題。在他研究了二個月之後，公司要求 Bob 訂出一個最適當、最正確的 1986 年生產水準。為完成這項任務他收集許多資料。這些資料列在附錄 6 至 8。附錄 6 表列出不同產品的需求預測。就產品 #1 和#2 而言，黏著劑製造部已經有現成的買賣契約，其它產品的預估需求就比較有彈性。附錄 7 則是產品主要原物料的成本。附錄 8 則列出製造程序中各階段所需的製造成本。

附錄 4

產品及用途

產品	用途
主要產品	
產品#1	造紙業使用的膠水
產品#2	添加在口香糖中，Hercules 是唯一獲美國藥物食品局核准的製造商
產品#3	一般黏膠
產品#4	特殊黏膠
重要的副產品	
產品#5	家用清潔劑
產品#6	油漆、清潔劑及工業化學用品的溶劑
產品#7	特殊接著劑
產品#8	水泥用接著劑
比較不重要的產品	
產品#9	燃料
產品#10	燃料

製造程序與投入產出關係

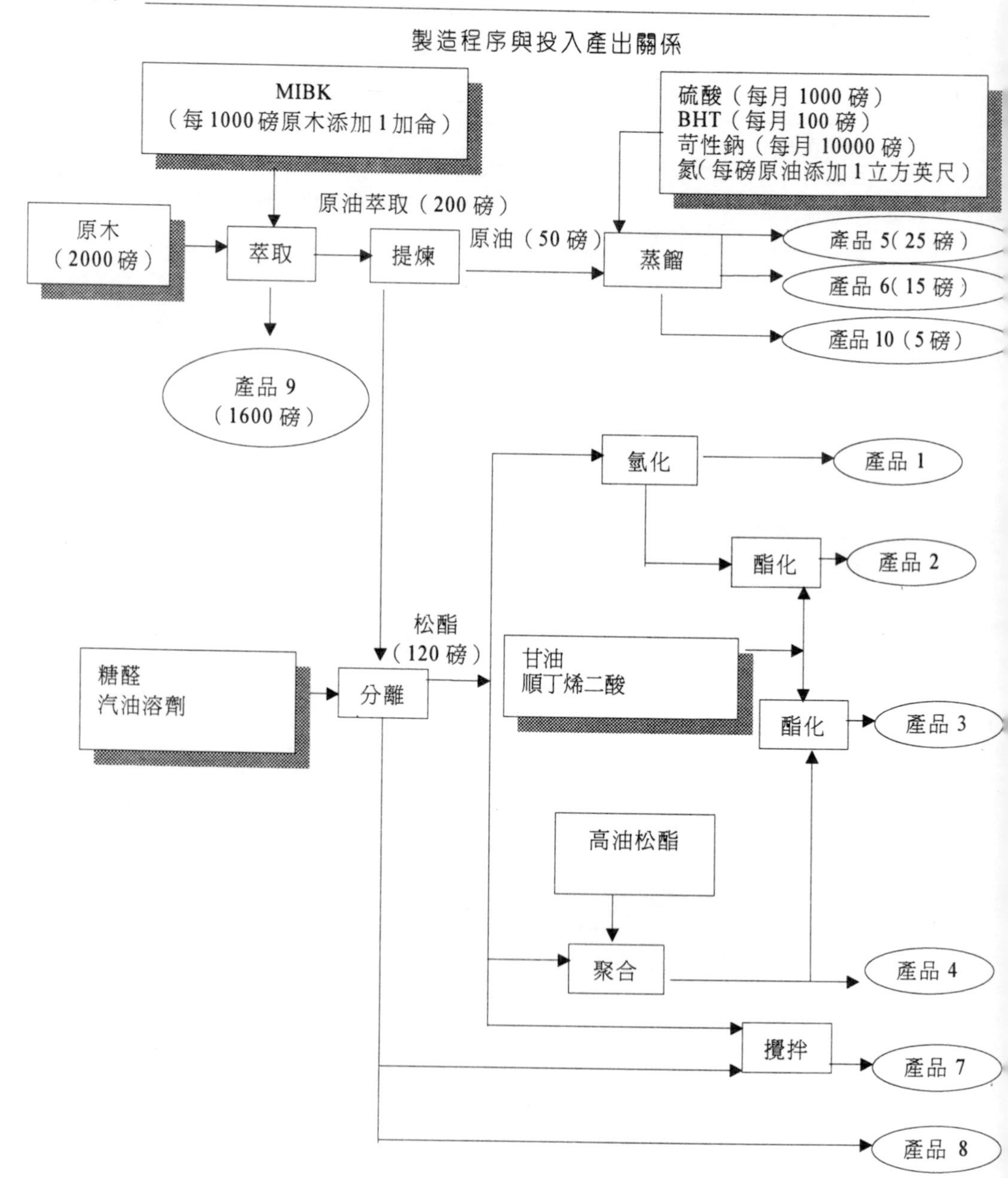

產品需求與價格

（數量：百萬磅／年；價格：美元／磅）

產品	數量 1	價格 1	數量 2	價格 2	數量 3	價格 3
主要產品						
產品#1	7.2	0.67	現有買賣合約			
產品#2	19.5	0.81				
重要的副產品						
產品#3	9.6	0.61	15.6	0.56	17.6	0.52
產品#4	3.9	0.80	4.5	0.70	5.5	0.61
產品#5	5.9	0.53	7.6	0.48	8.4	0.47
產品#6	3.5	0.35	4.3	0.29	4.9	0.28
產品#7	1.6	0.39	4.3	0.32	5.3	0.30
產品#8	5.1	0.38	7.4	0.33	8.2	0.32
比較不重要的產品						
產品#9	無限量	0.027				
產品#10	無限量	0.030				

原物料的成本

原木

固定成本　350 萬美金／年

變動成本

供給單位	可用數量（百萬磅）	採購成本（每磅）
1	20	$0.0350
2	84	$0.0390
3	162	$0.0450
4	160	$0.0375
5	140	$0.0465
6	152	$0.0425
7	242	$0.0410
8	160	$0.0510
9	60	$0.0360
10	160	$0.0490

其它原物料

萃取	MIBK	$3.20／加侖
分離	糖醛	$0.65／磅
	汽油溶劑	$1.75／加侖
聚合	高油松酯	$0.24／磅
酯化	甘油	$0.65／磅
	順丁烯二酸	$0.50／磅
蒸餾	硫酸	$0.035／磅
	BHT	$1.22／磅
	苛性鈉	$0.09／磅
	氮	$2.54／一千立方呎

製造成本

萃取與提煉

原木數量（百萬磅／年）	總成本（百萬美元）
0	$5.0
0-90	$7.5
90-180	$10.0
180-270	$12.5
270-360	$15.0
360-450	$17.0
450-540	$18.8
540-630	$19.3
630-720	$19.8
720-810	$20.2
810-900	$20.6
900-990	$20.8

分離

松酯（百萬磅／年）	總成本（百萬美元）
0	$0.5
0-10	$1.2
10-25	$2.0
25-50	$3.2
50-75	$4.1
75-100	$4.8
100-150	$6.0
150-200	$7.0

蒸餾

原油（百萬磅／年）	總成本（百萬美元）
0	$1.3
0-5	$2.0
5-10	$2.6
10-15	$3.2
15-20	$3.7
20-25	$4.2
25-30	$4.6
30-35	$5.0
35-40	$5.3

	固定成本（百萬美元／年）	變動成本（美元／每磅產品）
氮化	$2.1	$0.05
聚合	$1.7	$0.08
酯化	$4.0	$0.25
攪拌	$0.4	$0.05

Green 瓶蓋公司

1994 年 12 月 12 日，Green 瓶蓋公司的董事會討論一種針對淡啤酒製造業所設計的塑膠瓶蓋。這項新產品的經理 Harrison E. White 也出席了這項會議。

Green 主要是以生產食物、飲料產業所使用之瓶蓋爲主，這公司成立已有 65 年，爲美國第三大瓶蓋製造公司， 1994 年營業額據估計爲 1 億 2 千 5 百萬美元，佔瓶蓋市場總額的 10%。

瓶蓋製造業

1994 年時，最大的瓶蓋製造商是 Roberts 瓶蓋公司，它們的市場佔有率是 40%；第二位的 Montgomery 製造公司市場佔有率是 30%，第三位就是 Green 市場佔有率 10%。其它 15 家小廠商瓜分了剩下的 20%市場。

瓶蓋可分爲二種，即**標準**規格與**特殊**規格。裝在標準容器上的標準瓶蓋可以由標準的設備製造出來。若不符合上述任何一種標準情況，那就是特殊規格的瓶蓋。

標準規格瓶蓋市場的特徵是產量多但利潤低。例如，1993 年標準規格瓶蓋佔 Green 出貨量的 70%，但僅佔銷售額的 50%

和淨利的 20%。

標準規格瓶蓋的購買者，對瓶蓋價格都較有概念。而且因爲進入市場的門檻較低，所以銷售標準規格的瓶蓋亟需銷售人員先發制人的銷貨手法。

特殊瓶蓋的製造商分爲二種公司：創新者和模仿者。創新者先投入大量的時間和金錢以得知顧客的需求，然後再設計新產品來滿足顧客的需求。一個成功的新瓶蓋設計，得靠有經驗的技術人員和大量資金才行。Green 公司估計一個成功的新瓶蓋設計，平均需要費時三年，並且投下 125 萬美元的研發費用。另一方面，模仿者仿造特殊規格瓶蓋，不需要投入研發費用，只需要投入少量的銷售費用。

爲了補償投資金額的差異，顧客通常也會多付一點錢給願意發展符合顧客特殊規格的創新者。不過光是有顧客支持還是不行，在新產品推出時，創新者還需訂一個較低利潤的價格，好讓仿造者無法藉由削價競爭來攻佔市場。（即使是少數取得專利的瓶蓋，創新者也都盡量避免過高的利潤，因爲過高的利潤會刺激其它公司研發新產品，而成爲產品對手。）

Green 的淡啤酒新瓶蓋

董事會正討論到這種新型塑膠瓶蓋——淡啤酒瓶蓋。公司已經爲這項產品投下了 1,175,000 美元的研發和銷售費用。

這項大規模的研發計畫爲何展開呢？1991 年時，Roberts 瓶蓋公司推出一款新的淡啤酒瓶蓋，因其改進不少原有瓶蓋的缺點，使得 Green 的淡啤酒瓶蓋銷售量幾乎降到 0。董事會那時認為仿造 Roberts 的瓶蓋無利可圖，因此便決定以自行研發的方式來因應。

新產品的經理 White 先生相信：在過去三年內，Roberts 公司並沒有研發新型淡啤酒瓶蓋的計畫。而且由於 Green 和 Roberts 主宰淡啤酒瓶蓋的市場已經很久了，所以其它的瓶蓋公司不可能投入這個市場。他建議董事會推出這項新產品，價格訂在每一千打 1,175 美元（與 Roberts 的淡啤酒瓶蓋價格相同）。他覺得若把價格訂得太低，會被 Roberts 公司找到競爭的方法——即強調品質與特色比價格重要，而且他也擔心 Roberts 公司會降低其它產品的價格。但若價格高於 1,175 美元就可能吸引其它的仿造者投入這個市場。

新產品的市場

White 先生估計，1994 年市場總銷售量會達到 970 萬打，而 1995 年會有 1 千萬打，而且他有自信這項新產品可以擁有 70%的市場佔有率：

> **即使與顧客熟稔而且知道他們的需求，推出新產品仍會有些冒險。新產品第一年他們似乎能接受，但我們實在無法確定顧客是不是真的會購買。第一年顧客的接受度上有些波動，因為有些顧客嘗試過但無法接受，所以 70%對第一年來說已經算是很理想的了。**

董事長 Kenneth Lindstrom 提出一個問題：「70%的市場佔有率

聽起來似乎不錯，但是我們可以持續多久呢？」

White 先生的回答是：

我現在最擔心的是我們的瓶蓋已經快要從市場上消失了！我知道有不少公司正在研發不需瓶蓋的塑膠瓶，雖然到目前爲止，他們還在考慮合成樹脂對淡啤酒風味的影響，所以尚未研發成功，但是他們最後總會克服這些問題。我想大約在 10 年後瓶蓋市場是會消失的。

Kenneth Lindstrom 先生說：

我並不排斥由過去的預測解決問題，但若我們可以達到 70%的市場佔有率，你該不會認爲競爭對手會完全沒有因應之道吧？

White 先生答覆：

當然不會！我想 1,175 元的價格會保護我們免於仿造者的競爭，但我們仍須注意 Roberts。他們會如何回應，得視我們的成功程度而定。假使我們眞的達到 70%的市場佔有率——這只是我預期但無法證實的數目——那麼我預估，不到五年 Roberts 會有另一項新產品問市；但若我們失敗的只剩 20%的市場佔有率，我不認爲 Roberts 在未來 10 年內會有新產品推出；若我們能完全獨佔整個市場，Roberts 一定會馬上著手新的研發工作，且可能在 2 年內就推出新產品。再一次強調的是，這些只是預估的數字。

另一件事是關於 Roberts 的新產品。我們不知道 Roberts

的新產品會有多好？我們的市場佔有率會被侵蝕多少？但我相信保有 35%的市場佔有率或是失掉整個市場的機率是相等的。

此外，整個瓶蓋市場在未來 10 年內都會持續成長，我們規劃人員預估的成長率是每一年 1.8%。不過，成長率可能會低於 1%也可能高於 5%。

新瓶蓋的生產設備

Kenneth Lindstrom 接著問工廠經理 Jonathan Morgan 有關新產品生產的情形。Jonathan Morgan 報告說唯一能夠生產新瓶蓋的設備是 Gordon K 型的半自動瓶蓋沖壓機。除此之外，不需要其他的設備。設備的採購、運送、安裝成本總和大約是 140 萬美元。

如果 Gordon K 型機器一天運作 8 小時的話（包括了偶爾的機器故障，一年的停機時間為 2000 小時），一年可以生產 800 萬打瓶蓋。機器需要 4 個作業員操作，每個作業員每小時的工資是 10 美元。如果不再需要生產這種瓶蓋時，這些作業員可以調到其它部門工作。雖然工廠不想加班生產，不過一天的工作時數可以增加到 12 小時。若是加班生產的話，一年可以生產 1200 萬打的瓶蓋。即使加班生產的部份全用在機器操作上，其它的工作（如檢驗和包裝）可以在正常工時內就完成。工人加班生產的工資是正常工資的一倍半，即每小時 15 美元。

成本會計部門預估了每 1000 打瓶蓋所需的生產成本：

直接原料		$900.00
直接人工		
Gordon K 型機器的操作	$12.50	
其它部份（如檢驗和包裝）	$10.00	
直接人工總和		$22.50
製造費用：直接人工成本的 100%		$22.50
總生產成本		$945.00

根據採購部門的說法，有些原料可以得到一些折扣。但如果一整年的瓶蓋銷售量在 500 萬打以下，就沒有折扣，而且直接原料成本將增加爲每 1000 打瓶蓋 915 美元。

有關機器維修的費用，Jonathan Morgan 估計每生產 800 萬打的瓶蓋，需支出 3 萬美元的工人維修費，5 萬美元的材料維修費。其中 1 萬美元的工人維修費與 1 萬美元的材料維修費是固定成本，其它的部分會隨著生產量的不同而變動。

100%的製造費用率是根據製造費用與直接人工成本的關係而定。附錄 9 列出 1994 年的製造費用明細。附錄 10 則是 1995 年的製造費用預算。

1994 年時，公司提撥 10%的銷貨金額作爲研發、銷售和管理費用，其中的 4%是銷貨佣金。

Green 使用加速轉直線的固定資產折舊法，機器設備至少需使用超過八年，而 Gordon K 型機器至少有十年的壽命。

財務經理 Jones 提醒董事會：新產品的開發需要新的營運資金。他估計營運資金約是銷貨金額的 20%。他也指出公司未來十年的財務規劃使用 15%的稅後投資報酬率與 34%的稅率。

附錄 9

1994 年 12 月 31 日年終製造費用明細

	金額 單位：千美元	分類
管理費用	3,500	變動
間接人工	1,500	變動
維修人工	2,500	半變動
失業救濟金、社會安全基金、退休金	6,500	變動
維修材料與模具	3,500	半變動
水電費	4,000	變動
折舊	3,500	固定
	25,000	

附錄 10

1995 年製造費用預算

費用分類	以預期產量推估之金額	增加金額
管理費用	$3,500,000	$14/每 100 美元的直接人工成本
間接人工	$1,500,000	$6/每 100 美元的直接人工成本
失業救濟金、社會安全基金、退休金*	$6,500,000	$24/每 100 美元的直接人工成本
水電費	$4,000,000	$4/每生產 1000 打瓶蓋
折舊	$3,500,000	$0/每生產 1000 打瓶蓋
維修人工	$2,500,000	$0.5/每生產 1000 打瓶蓋
維修材料與模具	$3,500,000	$1/每生產 1000 打瓶蓋

*所有人工成本之 20%（直接人工、間接人工、管理費用、銷貨佣金）

預估 1994 年底資產負債表

資產

現金與有價證券		$12,500	
應收帳款		12,500	
存貨		25,000	
總流動資產			$50,000
土地		$2,500	
建築、機械設備（成本）	$47,500		
減：攤提折舊	25,000		
建築、機械設備（淨值）		$22,500	
研發費用		2,500	
總固定資產			27,500
總資產			$77,500

負債與股東權益

應付票據		$2,500	
應付帳款		5,000	
其他應計費用		5,000	
總流動負債			$12,500
長期債券			12,500
總負債			$25,000
普通股		$12,500	
保留盈餘		40,000	
總股東權益			52,500
總負債與總股東權益			$77,500

附錄 12

預估 1994 年損益表

項目		
銷貨收入		$125,000
銷貨成本：		
期初存貨	$22,500	
加：原料採購	50,000	
直接人工	25,000	
製造費用	25,000	
	$122,500	
減：期末存貨	25,000	
銷貨成本		97,500
銷貨毛利		$27,500
研發、管銷費用與利息支出		
研發費用	$1,250	
銷貨費用	6,700	
管理費用	3,650	
利息支出	900	
總額		12,500
稅前淨利		$15,000
稅		5,100
稅後淨利		$9,900
發放股利		2,500
保留盈餘淨值增加		$7,400

美國社會安全制度的經費

> 社會安全信託基金從六年前的破產邊緣，到現在的持續快速成長，今年大約有 600 億美元的盈餘。此外，根據政府會計部門的資料，目前此基金每日成長 1 億 9 百萬美元，預計在西元 2030 年將達到 11 兆 8 千萬美元。
>
> ——1989 年 7 月 23 日 紐約時報

隨著戰後嬰兒潮這個世代的人退休（即出生在西元 1946 年到 1964 年之間的人）、人口出生率的衰退、死亡率的減緩，美國的老年人口會持續大量增加，因此未來將沒有足夠的人力接手那些退休者的工作。在未來數十年內解決問題的方法，就是建立信託基金以支助將在西元 2010 年到 2030 年退休的戰後嬰兒潮，但是所需基金的大小相當具爭議性。

嬰兒潮世代

美國、加拿大、澳洲、紐西蘭等地都有嬰兒潮的現象。雖然它們的成因各異，但一個共同的理論是下列三個因素的結合，使得第二次世界大戰之後的出生率增加。第一、從戰場中回流的軍人，有強烈的慾望想要安定下來並建立家庭。第二、以這四個國家參戰的程度，還不至於在戰爭中損失大量的男性人口。第三、戰爭都不是在它們的領土上發生，所以工業及畜牧業還能完整的存活，每個家庭都有房子能住，也都有工作收入維持生活。

50 年代末期至 60 年代初期，美國的嬰兒潮持續下去。此種現象一般的解釋乃是人民對國家總體實力深感樂觀的反應。人們認爲美國的經濟穩定，而且他們有能力負擔一個家庭的開支。但是這種信念從 1994 年以後開始動搖，而且嬰兒潮也隨之消逝。

聯邦政府老年保險信託基金（OASI）

OASI 信託基金於 1940 年創立，它的目的是管理勞工所繳交的社會安全費用，與支付退休者或其他保險受益人退休津貼。參與 OASI 信託基金的勞工會抽出一定比例的薪資，繳交這個基金直到退休爲止。雇主也都會配合勞工的這種活動。這些參與的勞工如果退休的話，將可依法領取退休津貼，但津貼的金額與其先前繳交的金額多寡並不相關。

在 1977 年以前，OASI 信託基金的收入與支出還能平衡。換句話說，現在的勞工及雇主所繳交的金額還足以分配給現在的退休人口。在人口年齡分佈結構穩定的情形下，這種發給退休津貼的方式是可行的。現在的勞工爲現在的退休者支付津貼；當現在的勞工在未來退休時，也會有下一批未來的新勞工爲他們支付這個津貼。每個世代所負擔的責任看來是相同的，但當各年齡層比例快速變動時，OASI 信託基金的津貼分配就會有不公平的現象。特別是當退休人口快速持續增加時，這個退休津貼的原則就會使勞工付出的錢比將來得到的退休津貼還多。

爲了使責任能公平分配，美國國會認爲嬰兒潮這個世代的人應自己負擔部份的退休津貼。

預估 OASI 信託基金的需求

承辦 OASI 信託基金的受託人每年要對國會提出報告，說明此基金未來是否有能力負擔它的支出（見附錄 13）。這個報告必須預估 OASI 信託基金未來 75 年的收支狀況。基於對美國人口統計和經濟狀況的不同假設，1989 年的報告提出四種情境：樂觀情境（I）；悲觀情境（III）；兩種最可能的中庸情境（IIA 與 IIB）（大部分的資料來源引用狀態 IIB）。隱含人口統計和經濟狀況假設的四種情境預估了長期人口統計和經濟狀況直至 2065 年。附錄 14 將這些長期人口統計和經濟狀況與目前的狀況做比較。

人口統計的分析將參與 OASI 信託基金的勞工依年齡、性別、種族、婚姻狀況與配偶年齡來劃分。爲了做此劃分，必須假設出生率、死亡率、遷移率、結婚率與離婚率等統計數字。這些統計數字會隨時代而變更。結婚率與離婚率更會隨配偶年齡不同而改變。

有四個主要經濟狀況假設需詳細說明：

1. 通貨膨脹：津貼隨通貨膨脹率而調整。
2. 工資提升：影響基金的收入。

3. 服務範圍的比例：參與基金的人口比例將會影響到受益人的人數，服務範圍比例也視失業率而定。
4. 利率：影響利息收入。

嬰兒潮退休基金籌募

圖 5.3 顯示未來人口年齡結構的預測，這些預測的重要含意是退休人口數會大量減少。社會安全局有兩個問題選擇方案：方案一是仍採用退休即發給津貼制度，並增加未來社會安全稅率；方案二是保持稅率穩定，並建立一個基金以應付未來日漸增加的支出。圖 5.4 顯示在最可能的中庸情境 IIB 下，這兩種選擇方案的稅率。美國國會決定採用第二種選擇方案：從 1977 年開始，稅率持續增加至一固定水準，直到可以有充分的預備金爲止。不過，這預備金的多寡也引起社會大眾的關心。

圖 5.3

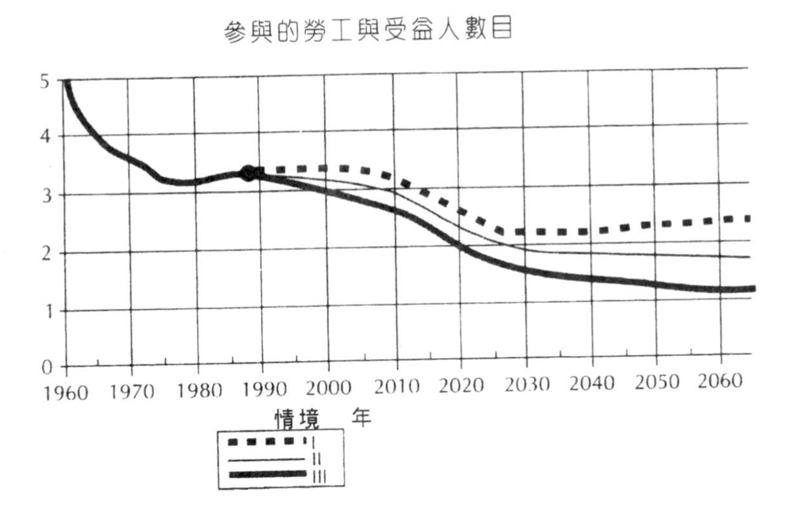
參與的勞工與受益人數目
5
4
3
2
1
0
1960
1970
1980
1990
2000
2010
2020
2030
2040
2050
2060
情境
年
I
II
III

圖 5.4

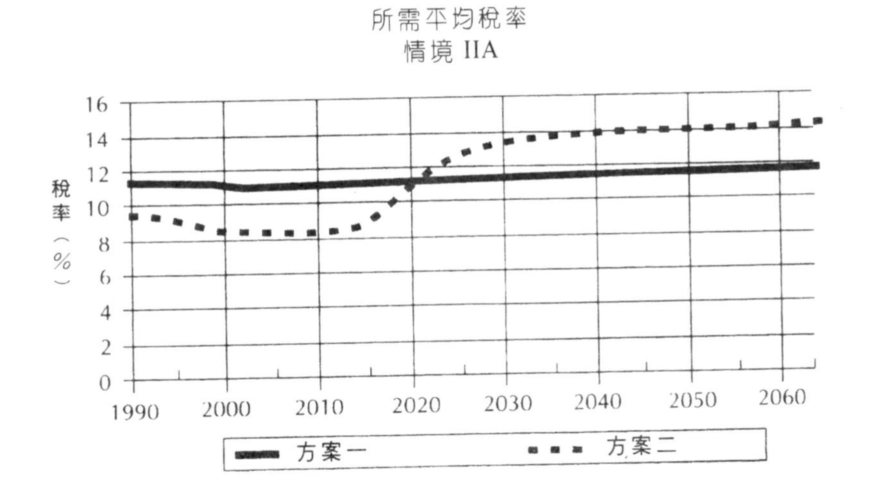
所需平均稅率
情境 IIA
16
14
12
10
8
6
4
2
0
稅率（%）
1990
2000
2010
2020
2030
2040
2050
2060
方案一
方案二

公開政策的含意

一個高達 12 兆美元的退休基金，其規模是其他類似基金的好幾倍。OASI 信託基金如何管理呢？最近美國國庫發行債券賣給 OASI 信託基金以降低外債。但這些債券最後終需買回。這樣做可能會造成未來的預算赤字。前社會安全局官員 Robert Myers 說：「如果建立一個大型基金，會誘使國會預算支出更多。」[6]

基金要投資到其它標的是很困難的。貸款給私人單位不可行。轉賣債券給其他已開發國家是不實際的，因爲這些國家也遭遇到人口年齡結構衰老的問題。它們的出生率和死亡率都下降，同時也遇到老年津貼的問題。因此它們必須要有多一點的預備金，沒有能力吸收美國過剩的 OASI 信託基金。

有人提出一個解決方式，就是把第三世界當作一個投資地點，或一個擴充年輕移民的來源。經濟學人雜誌提到：「富裕工業國家的惡夢是人口老化所需支付的成本。這些國家必須有吸引更多年輕外國移民的觀念。」[7]

但 Jonathan Rauch 曾在 National Journal 中表示：「在外國勞工增加的趨勢下，他們不願爲（持續成長的）白人退休者支付津貼。」[8]

關於世代付出不公平《Born to Pay》這本書的作者 Phillip Longman 曾說：「已經有人爲了老年人的問題而惱怒，而且這

[6] 見 1989 年 7 月 23 日 紐約時報。
[7] 摘自 1989 年 7 月 23 日 紐約時報。
[8] 1988 年 12 月 12 日，*National Journal*。

情況一直在發生。」[9]

經濟學者相當關心這筆基金對利率可能的影響及整體經濟因為這筆基金可能引發的通貨緊縮。

「這樣會造成經濟被拖累，就像政府對人民原本可以自由運用的財富課征重稅。」[10]

但其他的經濟學者相信，如果這筆基金廣泛的運用，此一基金的投資將使得美國生產力更高並更具競爭性。Brookings Institute 的 Barry P. Bosworth 曾說：「在生產力方面，將會超過有史以來的成長率而達到 7%的成長，並在 G.N.P.[11]上達到一個類似幅度的成長。」

[9] 摘自 1989 年 7 月 23 日 紐約時報。
[10] 見 1988 年 4 月 2 日紐約時報。
[11] 見 1989 年 7 月 23 日星期日紐約時報。

IV

1989 ANNUAL REPORT OF
THE BOARD OF TRUSTEES OF THE
FEDERAL OLD-AGE AND SURVIVORS
INSURANCE
AND DISABILITY INSURANCE TRUST FUNDS

COMMUNICATION

FROM

THE BOARD OF TRUSTEES, FEDERAL
OLD-AGE AND SURVIVORS
INSURANCE
AND DISABILITY INSURANCE TRUST
FUNDS

TRANSMITTING

THE 1989 ANNUAL REPORT OF THE BOARD,
PURSUANT TO
SECTION 201(c)(2) OF THE SOCIAL SECURITY ACT,
AS AMENDED

LETTER OF TRANSMITTAL

BOARD OF TRUSTEES OF THE
FEDERAL OLD-AGE AND SURVIVORS INSURANCE
AND DISABILITY INSURANCE TRUST FUNDS,
Washington, D.C., April 24, 1989

HONORABLE JAMES C. WRIGHT, JR.
Speaker of the House of Representatives
Washington, D.C.

HONORABLE DAN QUAYLE
President of the Senate
Washington, D.C.

GENTLEMEN: We have the honor of transmitting to you the 1989 Annual Report of the Board of Trustees of the Federal Old-Age and Survivors Insurance Trust Fund and the Federal Disability Insurance Trust Fund (the 49th such report), in compliance with section 201(c)(2) of the Social Security Act.

Respectfully,

NICHOLAS F. BRADY, *Secretary of the Treasury, and Managing Trustee of the Trust Funds.*

ELIZABETH DOLE, *Secretary of Labor, and Trustee.*

LOUIS W. SULLIVAN, M.D., *Secretary of Health and Human Services, and Trustee.*

MARY FALVEY FULLER, *Trustee.*

SUZANNE DENBO JAFFE, *Trustee.*

DORCAS R. HARDY, *Commissioner of Social Security, and Secretary, Board of Trustees.*

1989 年 OASI 四種情境的年度報告

	現在（1988）	I	IIA	IIB	III
人口統計數字					
出生率（生產／婦女）	1.91	2.2	1.9	1.9	1.6
出生時的壽命期望值					
男人	71.6	74.9	77.0	77.0	80.8
女人	78.6	81.0	83.9	83.9	88.1
65 歲時的壽命期望值					
男人	14.9	16.1	18.0	18.0	21.3
女人	18.8	20.1	22.4	22.4	25.8
經濟統計數字					
通貨膨脹率	4%	2%	3%	4%	5%
薪資增加率	6.4%	4.2%	4.7%	5.3%	5.8%
失業率	5.5%	5.0%	5.5%	6.0%	7.0%
利率	8.8%	5.0%	5.5%	6.0%	6.5%

確定情況下的決策

原者／David E . Bell・Arthur Schleifer, Jr.

譯 者／陳智暐

執行編輯／黃亦修

出 版 者／弘智文化事業有限公司

登 記 證／局版台業字第 6263 號

地　　址／台北市丹陽街 39 號 1 樓

E-Mail：hurngchi@ms39.hinet.net

瀏覽網站：www.businessbook.com.tw

電　　話／（02）23959178・23671757

傳　　真／（02）23959913・23629917

郵政劃撥：19467647　　戶名：馮玉蘭

發 行 人／邱一文

總 經 銷／旭昇圖書有限公司

地　　址／台北縣中和市中山路 2 段 352 號 2 樓

電　　話／（02）22451480

傳　　真／（02）22451479

製　　版／信利印製有限公司

版　　次／2001 年 02 月初版一刷

定　　價／390 元

ISBN／957-97910-4-X

國家圖書館出版品預行編目資料

確定情況下的決策 / David E. Bell, Arthur Schleifer, Jr. 著 ; 李茂興，劉原彰譯.-- 初版. 臺北市 : 弘智文化，1999〔民 88〕

面 ; 公分. -- (管理決策系列)

譯自 : Decision Making Under Uncertainty

ISBN 957-97910-4-X (平裝)

1. 決策管理 – 個案研究

494.1 88012390